36小时学会

AI艺术工作室 著

Midjourney

掌握AI创作的逻辑与方法

人民邮电出版社

北京

图书在版编目（ＣＩＰ）数据

36 小时学会 Midjourney：掌握 AI 创作的逻辑与方法 /
AI 艺术工作室著. -- 北京：人民邮电出版社, 2024.8
　ISBN 978-7-115-63624-9

　I. ①3… II. ①A… III. ①图像处理软件 IV.
①TP391.413

　中国国家版本馆 CIP 数据核字(2024)第 094278 号

内 容 提 要

　　本书详细讲解了 Midjourney 的基本操作方法和在行业中的应用。

　　书中内容涉及从初识 Midjourney 到实际应用的全过程，先讲解了 Midjourney 的功能，包括指导读者注册 Discord 平台的账号、完成 Midjourney 的基本配置、Midjourney 的基本功能、提示词的基本结构和参数、指令的具体用法、后缀参数的功能等；然后总结了各类提示词及其效果，包括艺术形式、风格、构图、灯光、材质、色彩、情绪、画面质量等，为读者的创作提供参考。书中还针对各类商业应用，通过实战案例探索了 Midjourney 可能的用法，涉及插画设计、服装设计、Logo 设计、字体设计、建筑设计、产品设计、漫画创作、摄影作品和绘本创作等，帮助读者进一步掌握 Midjourney 在实际应用中的使用方法，并为读者实现更多创意用法开拓思路。

　　本书适合对 AI 绘画感兴趣的读者和有 AI 创作需求的设计师、插画师等阅读参考。

◆ 著　　　　AI 艺术工作室
　　责任编辑　杨　璐
　　责任印制　陈　犇

◆ 人民邮电出版社出版发行　　北京市丰台区成寿寺路 11 号
　　邮编　100164　　电子邮件　315@ptpress.com.cn
　　网址　https://www.ptpress.com.cn
　　北京盛通印刷股份有限公司印刷

◆ 开本：700×1000　1/16
　　印张：15　　　　　　　　2024 年 8 月第 1 版
　　字数：363 千字　　　　　2024 年 8 月北京第 1 次印刷

定价：79.90 元

读者服务热线：(010)81055410　印装质量热线：(010)81055316
反盗版热线：(010)81055315
广告经营许可证：京东市监广登字 20170147 号

Midjourney 真的能代替
设计师、插画师、摄影师吗?

当前的 AI 艺术工具提供了前所未有的便利和革命性的创意融合,把一段指令发送给它们,就能够在 1 ~ 2 分钟内收到各种艺术展示的结果,这非常令人震惊。这股浪潮引来大量恐慌与焦虑,难道作为创意人才的我们会被 AI 替代吗? 未来我们当何去何从?

AI 可运用和融合风格,却不能创造风格

目前 AI 艺术不能产生新的创意风格,仅仅是套用现有的风格或融合几种风格。所以能够创造独特风格的创意人才不会被替代。

AI 具有很强的不确定性,可用来提供灵感

AI 在生成图片时具有随机性,像开盲盒一样。不确定性是它的缺点,但这与创意行业中的头脑风暴(产生创意的过程)很类似,因而如今很多创意广告和咨询机构已经采用它来辅助头脑风暴。

想让 AI 生成有效作品,需专业人士把控

巴黎的奥美公司为雀巢的子品牌创作了 AI 广告,类似的案例陆续出现……然而,不论是广告设计还是电影脚本,或者是摄影作品,其审美效果、内容创意和商业价值等都要有专业人士把关,否则想通过 AI 直接生成可使用的作品是很困难的。

AI 可以产生创意素材,简化工作流程

虽然 AI 生成的图片不一定符合最终要求,但 AI 可以快速生成具有一定细节的半成品,为形成方案节省了很多人力成本和时间成本。已经有游戏公司雇用插画师对 AI 图片进行修补、重制,使工作流程更加精确、高效。

AI 会使一部分人失去创造力,使高级人才更优秀

培养一个艺术家需要数年积累,但是培养一个 AI 指令师(指令工艺师)可能用不了几个月。这会使一部分人丧失提升自身创意能力的动力,他们总希望 AI 能够完成一切。然而,真正能用好 AI 的恰恰是艺术水平较高且具备创意能力的人才,他们可以把 AI 变成真正有力的艺术助手,同时他们的工作具有更开阔的创意空间和发展空间,不会被 AI 生成的结果固化。

总之,即使 AI 技术具有飞跃性,AI 也不会让擅长艺术创作的人失去工作,反而会让他们更优秀,因为他们本来就有美学素养和创意能力,可以保证画面的品质,而 AI 可以提高效率,节约时间。市场永远对高水平创意从业者持欢迎态度,所以让自己成为高精尖人才,才是永不被替代的关键。

任何人都能画画,
给自己定 4 个学习目标吧!

a terrified scream by munch, knitted painting, woven, a long thread is coming loose

蒙克风格的惊恐尖叫,针织绘画,编织的,一根长长的线松了

未来抢走你工作的不是 AI,而是知道如何使用 AI 的其他创意人员。现阶段,如果你不打算使用 AI 生成图像或许不会有太大的影响,但在两三年甚至更短时间内,大多数创意团队会把使用 AI 当作日常工作流程的一部分。这是我们无法逃避的发展趋势,我们应该以积极的心态去迎接它,借此工具提高我们的职业竞争力。

在开始阅读本书之前,给自己定几个学习目标,做到有的放矢,让自己更快掌握Midjourney吧。

1. 掌握基本的指令逻辑

Midjourney 的基本指令逻辑必须掌握,这部分并不难,不断地实验可迅速提升此能力。

2. 创造自己的 AI 艺术作品

虽然网络上有很多提示词可以直接复制,但直接使用这些提示词不叫创作,我们要学会自己编写、修改提示词,让作品更加接近我们想要的结果。

3. 训练创意思维,扩充艺术手段与方式

掌握各种艺术创意知识是必不可少的。例如,构图方式、镜头种类、环境光的特点、材质变化、色彩知识、风格特征、常见艺术家特点等。我们要扩展自己的创意思维,使作品更优秀。

4. 有的放矢,与产业结合,尝试商业化创作

结合行业的特点及自身的情况,让 AI 与商业结合。例如,摄影师需要 AI 创建仿真场景,再贴入实拍的模特照片;设计师可以让 AI 生产素材,然后继续进行艺术加工等。

以上 4 个学习目标也是本书的编写目标,力求在最短时间内让你掌握 Midjourney AI 创作的方法与技巧。

总之,不论是业余爱好者,还是设计师、插画师等专业人士,不论是初学者,还是富有经验的艺术家,相信都能够从本书中获益。本书中关于各种艺术特征的归类资料可供长期查阅。

学习之前强调几件事

Midjourney 轻便、快捷、易上手。哪怕仅用一个词语，它也能绘出精美的作品。有了它，人人都可以"画画"。但要真正理解它的运行方式，其实并不是那么容易。

1. 无法一样

AI 生成的图像是随机的，同样的提示词无法生成同样的图，不像制图软件，只要按照步骤进行，就可以生成完全一样的图。切记要学会用法，而不是只追求一模一样的结果。

2. 并非一次

本书中的图片都很好看，但这并不一定是一次性输出的结果。这是笔者根据自己的职业特征和多年来养成的审美标准进行选图和操作后的结果，所以这可能会误导初学者，让初学者以为 AI 总是那么"听话"。直白地讲，如果你这样理解，可能会失望。

我们要反复尝试、多"刷"几次，用足够的耐心，结合智慧和探索精神来进行学习和工作。

3. 不断变化

AI 绘图模型的进化速度是很快的，它对词的认识、理解都在不断变化。可能几个月前，它认为 hot 是着火的意思，之后，它可能会将其理解

使用提示词 cat girl（猫女）生成图片，将其作为图片提示，然后使用图片提示与提示词 cat girl in Monet's yard（猫女在莫奈的院子里）共同生成最终的图片。

为漂亮的女孩或其他被大家接受的图，这都是有可能的。这就需要你用更明确的词去表达需求。

4. 具有组合性

好看的图和被商业项目使用的图是两个概念。Midjourney 的可控性还不能令人满意，这一点在实际项目中尤为突出。应当把 Midjourney 当做一个帮手，而不是完全依赖它。建议学会组合使用 Photoshop、Illustrator、Procreate、Stable Diffusion 等各种工具，结合自身能力(排版、手绘、摄影、导演、编剧、音乐、动画等)来完善作品。个人能力是作品质量的决定性因素，这一点不要忘记。

服务与支持

本书由"数艺设"出品，"数艺设"社区平台（www.shuyishe.com）为您提供后续服务。

"数艺设"社区平台， 为艺术设计从业者提供专业的教育产品。

与我们联系

我们的联系邮箱是 szys@ptpress.com.cn。如果您对本书有任何疑问或建议，请您发邮件给我们，并请在邮件标题中注明本书书名及 ISBN，以便我们更高效地做出反馈。

如果您有兴趣出版图书、录制教学课程，或者参与技术审校等工作，可以发邮件给我们。如果学校、培训机构或企业想批量购买本书或"数艺设"出版的其他图书，也可以发邮件联系我们。

关于"数艺设"

人民邮电出版社有限公司旗下品牌"数艺设"，专注于专业艺术设计类图书出版，为艺术设计从业者提供专业的图书、视频电子书、课程等教育产品。出版领域涉及平面、三维、影视、摄影与后期等数字艺术门类，字体设计、品牌设计、色彩设计等设计理论与应用门类，UI 设计、电商设计、新媒体设计、游戏设计、交互设计、原型设计等互联网设计门类，环艺设计手绘、插画设计手绘、工业设计手绘等设计手绘门类。更多服务请访问"数艺设"社区平台 www.shuyishe.com。我们将提供及时、准确、专业的学习服务。

目录

第 1 ～ 2 小时
第一次 AI 绘画与熟悉界面

Centred Composition and Symmetry, hundreds of small flying birds, a giant white cranes, in the style of Japanese folklore–inspired art, dark cyan and gold, dramatic splendor, light gold and blue, pale wave, art deco sensibilities, lively illustration s 750-- q 2-- v 5

以构图和对称为中心，数百只小飞鸟，一只巨大的白鹤，以日本民间传说为灵感的艺术风格，深青色和金色，显著的华贵感，浅金色和蓝色，浅淡柔和的色调，装饰艺术的情感，生动的插图

注册与登录 Discord

如果想使用 Midjourney，需要拥有自己的 Discord 账号。Discord 是当下较受欢迎的一款通信工具，可以创建服务器和频道，方便用户进行文字聊天、语音通话、文件共享等多种形式的社交互动。Midjourney 开发者团队开发了一个基于 Discord 的机器人应用程序，为 Discord 用户提供了更加方便的 AI 图像处理服务。也就是说，Midjourney 和 Discord 是两个不同的产品，两者的关系类似于小程序与微信的关系。

①打开 Midjourney 网站后，可以看到 4 个选项，选择 Join the Beta 选项，进行注册。

②弹出 Discord 网站的注册窗口，填入邮箱地址、姓名、密码及生日。

③提交申请后，弹出了"我是人类"的认证请求，选中该选项，自动提交。

整个注册过程中，有多个真人认证的请求，需要配合完成。

Discord 网站会自动识别用户使用的语言。也可以给浏览器安装一个翻译插件，这样可以把页面信息翻译为中文。

④弹出检测窗口，参考示例图像（如这里要求选择包含柠檬的图像），在下面的 9 张图像中选择正确的图像，然后提交。

⑤注册完毕，弹出验证请求。此时需要先验证手机号码。

⑥给你的手机发送验证码。修改"+1"为"+86"，然后输入你的手机号码，这个手机号码会与账号绑定。

⑦弹出"我是人类"真人验证请求。选中该选项自动提交。

⑧输入你的验证码。

⑨手机号码已经验证成功。单击"继续"按钮，验证电子邮箱。

⑩此时如果你使用的电子邮箱有问题，还可以修改，或者选择重新发送验证电子邮件。

⑪此时登录自己的邮箱，查看邮件，在邮件正文中单击验证按钮。

⑫返回网站，弹出"我是人类"验证请求。选中该选项，自动提交。

⑬验证通过后，即可登录 Discord。单击"继续使用 Discord"按钮，开始创建服务器。

有了账号之后，就可以登录了。登录 Discord 网站的方式有多种，例如，可以直接在步骤①中单击 Sign In 按钮，也可以在步骤②中单击"已经拥有账号？"，就会弹出登录窗口，使用邮箱、电话都可以登录自己的账号。

创建 Discord 服务器

    Discord 上有很多不同主题的社区，也叫作服务器，Midjourney 也有一个这样的服务器，在服务器中还可以建立文字频道或语音频道，方便多元化的交流。因此登录 Discord 后，需要建立自己的服务器，目的是更好地使用 Midjourney 机器人。

①如果是新用户，在成功注册账户后，会弹出创建首个服务器的窗口。可选择的模板类型很多，这里选择了"艺术家和创作者"类型的服务器模板。

②选择服务器是仅供自己和朋友使用，还是供俱乐部或社区使用。

③填写服务器名称，这里的名称为"艺术 AI 之旅"。

④ 更改服务器的图标，然后单击"创建"按钮完成创建。

此时画面会提示你的服务器已经准备就绪，单击"带我去我的服务器！"按钮，进入自己的服务器吧！

简单认识 Discord 界面

有了自己的 Discord 服务器后，为了方便后续添加 Midjourney 机器人，我们先要对界面有一个基本认知，把界面划分为 A、B、C、D、E、F、G、H 共 8 个区域。

A：服务器信息区。我们刚创建的"艺术 AI 之旅"服务器的标志 在最上方。这里可以探索、加入其他的服务器，你加入的其他服务器都会在这里显示。
B：私信。可以在这里查看用户的私信。
C：服务器设置。单击可对所创建的服务器进行更改、设置等。
D：功能区。这里是有关消息、用户和搜索等内容的功能区。
E：信息区。AI 绘画结果、别人的发言等都可以在这里看到。
F：聊天及指令输入区。我们给出的 AI 绘画指令都要在这里输入。
G：频道分区。服务器下属的频道分区，你可以对自己的服务器频道进行重新设置。
H：用户信息。单击设置按钮可以更改账户资料。

暂时掌握这些信息已经足够了，接下来我们要往自己的服务器中添加绘画机器人。

添加 Midjourney Bot

先添加 Midjourney Bot 到自己的服务器，然后就可以在自己的服务器里发送指令给 Midjourney Bot 了。

Midjourney 的标志是一艘航行中的帆船。你也可以通过搜索"Midjourney"关键词找到它。

①单击界面左上角的"探索公开服务器"按钮。

②信息区出现当下流行的特色社区，排在第一位的就是 Midjourney，单击它。

③在弹出的窗口中单击 Getting Started。

④当前处于预览模式，需要单击顶部的"加入 Midjourney"正式加入服务器。

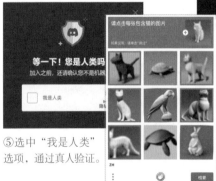

⑤选中"我是人类"选项，通过真人验证。

⑥弹出"您加入了 Midjourney！"提示，单击"出发吧！"按钮。

出于账户安全的考虑，网站有可能要求你再次验证电子邮箱。

进入 Midjourney 服务器后，单击任何一个新手频道，都可以看到有很多人在进行 AI 创作，我们可以直接在这些新手频道内进行 AI 创作，也可以把机器人加入自己的服务器中。在自己的服务器中进行 AI 创作，信息更好查阅，创作也更具私密性。

只要找到机器人，就能把它添加到自己的服务器中。你可以在 Midjourney 服务器顶部的人员名单中找到机器人

⑦在 Midjourney 服务器的下属频道区寻找新手频道。单击任何一个名字是 newbies-×× （×× 是数字）的新手频道，信息区会出现各种最新信息，其中有很多新用户在尝试使用机器人作画，比如这 4 张戴着墨镜的小狗坐在船上平视镜头的图就是机器人生成的。

⑧单击图片上方绿色的文字 Midjourney Bot。

⑨弹出机器人介绍信息，单击 "添加至服务器" 按钮。

⑩选择 "艺术 AI 之旅" 服务器后，单击 "继续" 按钮。

⑪勾选所有权限，单击 "授权" 按钮。

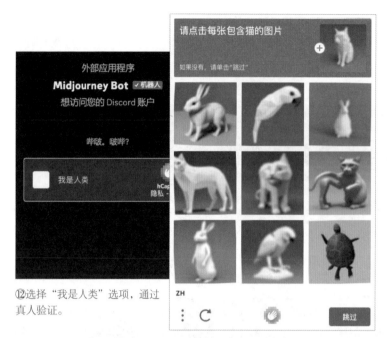

⑫选择"我是人类"选项,通过真人验证。

⑬提示"已授权",说明添加成功了。

⑭单击"艺术 AI 之旅"服务器的标志,回到我们的服务器,在下属的任何一个频道内都可以使用 AI 绘画机器人。你可以试着在下方的聊天指令区输入"/",就会立刻出现指令提示列表。下滑列表,寻找 /imagine 指令,它是 AI 绘画使用频率最高的指令。

如果没有安装机器人,那么自己的服务器是没有这些指令提示的。

⑮单击 /imagine 指令，会自动显示一个黑底色的单词，可在后面继续编写内容。

⑯输入英文 a flower（一朵花），按回车键。

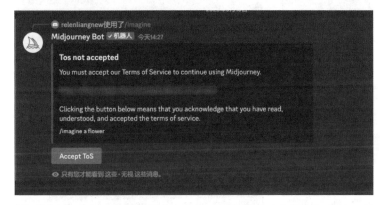

⑰机器人回复我们，让我们接受服务条款，否则不能给我们提供绘画服务。单击 Accept ToS 按钮。

虽然 Discord 网站可以自动识别我们使用的中文语言，使大部分信息转为中文，但是 Midjourney 是另一个产品，它暂时不支持中文（截至本书完成，Midjourney 有内测中文版，但没有正式发布），它回复的信息也都是英文的。这就造成页面上既有中文，又有英文的情况。

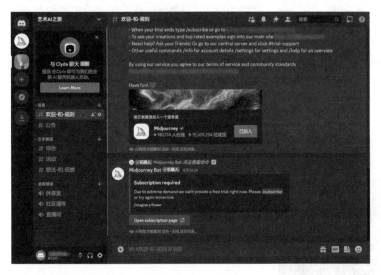

Midjourney 最初为每个 Discord 会员提供 25 次免费的 AI 绘画机会，后来由于它的热度增加，AI 运算需求暴增，这项免费服务没有了。

⑱机器人回复两条信息，一条信息是对 Midjourney 的介绍，另一条信息是回应我们绘制一朵花的请求，它告知我们，需要订阅 Midjourney 的服务。

订阅 AI 绘画服务

当前 Midjourney 提供了 3 档收费服务供我们选择。学习阶段可以选择低档价位的服务，最多可以生成 200 张图片，需要排队等待运算结果。若有专业学习需求，可以选择中档价位的服务，出图数量不限，等待时间更少。使用前两档服务所产生的作品会直接发送到公开的图库中，所有人都可以看到。如果涉及商业创作，可以选择高档价位的服务，没有图片数量的约束，同时作品具有保密性。

①在聊天指令区中输入 /subscribe，按回车键，发送指令。

②得到机器人的回复，打开订阅服务链接。

③由于会跳转到 Midjourney 网站上，因此你要进行确认。

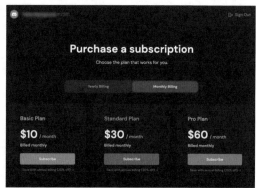

④此时可以看到订阅的 3 档服务收费标准，可根据需求进行选择。你也可以选择年付，这样可以获得一定的折扣。

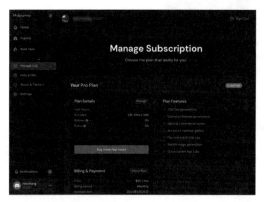

⑤完成订阅后，会进入订阅状况页面。这里会显示你的运算时间、收费服务截止日期等相关信息。

第一次生成 AI 作品

　　返回到 Discord 网站，准备尝试第一次 AI 绘画。初学时给出的任务不需要太复杂，下面我们来尝试画一朵花吧。

①回到自己的服务器，在任意频道的聊天对话框中输入 /imagine 指令，指令后面会自动显示黑底色的白色文字 prompt，之后我们输入 a flower，要求机器人绘制一朵花。

②机器人会回应你一段话表示它已接受这个任务，现在正排队等待启动运算。

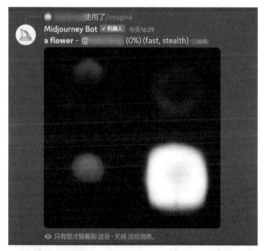

③正式开始运算，此时的进度是 0%。

④此时的进度为 93%。

U：确定需要某张图片之后单击对应的 U 按钮，可将选定图像放大，并添加更多细节。数字对应 4 张图片。

V：在保持风格和构图的同时，为所选图像创建 4 个变体。

🔄：重新执行这个任务。

⑤运算完成。因为我们给出的任务描述比较简短，所以它非常好地完成了"一朵花"的要求。每次给出任务都会同时产生 4 张图，图片下面有不同的按钮，可用来放大图片、增加图片细节等。

使用升频器 U 和 V

每一次给出提示词，Midjourney 都会生成 4 张图片，我们可以通过单击 U 按钮放大其中一张，放大时图片中会增加更多细节，也可以单击 V 按钮生成 4 个变体，从中选择合适的图片。

在输入提示词 a flower 生成 4 张图的基础上单击 U2 按钮，就会出现这个结果。机器人重新生成了一张细节更丰富的图片给我们。水珠非常清晰，颜色饱和度很高，有一种真实的绽放感。此时也可以单击 Make Variations 按钮，生成它的变体。

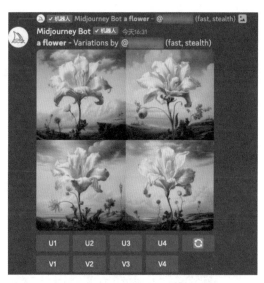

在输入提示词 a flower 生成 4 张图的基础上单击 V4 按钮，就会出现图中所示结果。机器人重新生成了 4 张以第 4 张图为基础的有一定变化的新图片。

在单击 V4 按钮生成 4 张新图后，单击 U3 按钮，放大其中一张。很难想象，这么漂亮的花朵竟然是由 a flower 这样简单的文字生成的。

在输入提示词 a flower 生成 4 张的基础上单击重做按钮，就会出现图中所示结果。Midjourney 重新生成了 4 张图片。

图片下载的方法

下载图片的方法有很多，并且你可以下载单张图片，也可以下载四联图片。

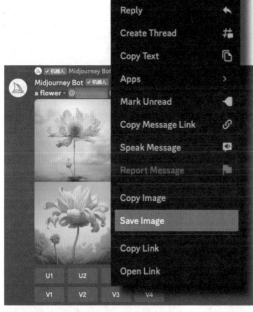

①你可以直接单击鼠标右键，选择菜单中的 Save Image（保存图片）选项下载图片，也可以单击四联图片，进入预览模式。

②在预览模式下，周围是黑色的，只留下四联图片和"在浏览器中打开"链接，你可以单击链接，从浏览器中下载图片。

③你也可以在预览模式下直接用鼠标右键单击图片，在弹出的菜单中选择"保存图片"选项，这样就能下载四联图片了。

④使用 U 按钮放大任何一张图片后，都会出现 Web 按钮。单击 Web 按钮，会显示一个跳转链接，确认跳转。

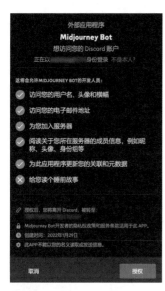

⑤弹出一个授权窗口，单击"授权"按钮即可。

⑥此时进入了你在 Midjourney 网站上的个人主页，单击"下载"按钮来下载图片。

AI 绘画有一定的随机性，如这 3 张不同的图片都是由同样的提示词（a flower）产生的，它们各有特色，都非常漂亮。

a flower

一朵花

第 3 ~ 5 小时
提示词结构解析

理解提示词的结构

感受随着提示词变化，作品生成的过程

感受先建立复杂提示词后调试的创作过程

初次尝试图片提示的作用，将扁平风格变立体风格

使用图片提示，并给自己的作品换几个风格

利用图片提示，尝试建立系列作品

了解Midjourney Bot的"想法"，预判作品方向

Highly defined realistic superb albino white lion, blue eyes, albino, white
hair, in the plains, grass, vegetation, sun sets in fiery blaze, HD

高清晰度且逼真高超的白化白狮，蓝色的眼睛，白化，白毛，在平原，草地，植
被，如火的夕阳落下，高清

理解提示词的结构

/imagine 指令要用到 prompt，即提示词。提示词帮助 Midjourney Bot 理解我们的意图，以生成图像。精心编排好的提示词可以制作出独特而令人满意的图像。

提示词的结构

使用英文描述你想要怎样的制图结果

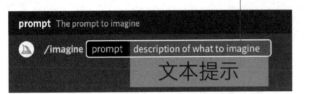

^-^

笑脸表情符

提示词可以是单个单词、短语或表情符号。
你可以试试输入 ^-^，看看能够生成什么图。

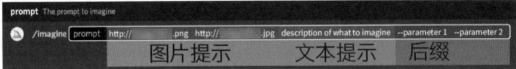

复杂的提示词可以包含多个图片提示、文本提示，以及后缀。使用不同的后缀可改变图像的生成方式，比如我们通过调整后缀可以更改宽高比、模型等。后缀位于提示词的末尾，且以 -- 开头，后面会详细讲解。

提示词的长度

提示词可以非常简单，如一个表情 "^-^" 也能得到插画作品，但非常短的提示词将在很大程度上依赖于 Midjourney 的模型默认样式。描述更详细的提示词更适合生成有独特外观的作品，减少随机性。然而超长提示词并不一定是好的，还是应该专注于你想传达的主要理念。

一个长度适中的提示词及用其生成的图像如右图所示。

Detailed illustration by Alphonse Mucha and Alex Gross and Hsiao Ron Cheng. Queen,Chinese style. Natural black long hair. Ruby Lips. glitz. sunglasses

插图风格是阿方斯·穆哈、亚历克斯·格罗斯和郑晓嵘。女王，中国风，自然的黑色长发，红唇，耀眼夺目，太阳镜

提示词的语法

Midjourney Bot 不像人类那样理解语法、句子结构和单词。我们不需要使用英文语法，但是需要选择合适的单词与短语。英文中有很多同义词，不要只用某一个单词，可以多多尝试同义词。例如，big 是大的意思，但同样表示这个意思的词还有 gigantic、enormous、immense，这些都可以尝试使用。同时要控制提示词的长度，更少的词意味着每个词都有更强大的影响力。

指定具体数量会让提示更清晰，例如，"有几只猫"就不如"有三只猫"更明确。对于英文中的集体名词也可以采用更加明确的表达方式，例如，采用 flock of birds（成群的鸟儿）而不是 birds。

使用逗号、括号和连字符来编写提示词是可以的，但 Midjourney Bot 不一定能够完全解释它们。Midjourney Bot 不区分大小写。

Midjourney v4 在理解句子结构方面略优于其他模型。

关注想要的方面

提示词最好描述你想要什么，而不是你不想要什么。如果你要绘制一个没有吊灯的房间，为了确保"吊灯"不出现，可以使用后缀 --no 来排除这个对象。若要排除一两个不需要的对象，机器人是接受的，但若需要排除一堆对象，机器人会发出拒绝提示。

从几个方面去思考提示词编写

为了获得更高的可控性，尽量描述得具体一些，减少遗漏，任何遗漏内容都会随机化。使用含糊的提示词是有好处的，这是获得多样性、创意性的好方法，但这可能导致失去控制力，像抽盲盒一样。

我们可以描述一些细节，并且在以下方面多多思考。

主题：人、动物、植物、建筑、物体、机器人等。

年代、地点：1984 的中国、维多利亚时代等，虚假的年代也可以使用。

环境：室内、室外、月球上、水下、街道、楼梯口、天空中、宇宙等。

媒介：照片、绘画、插图、雕塑、涂鸦、挂毯等。

光影：自然光、反射光、阴天、霓虹灯、冷光、舞台灯光等。

配色：昏暗、柔和、明亮、单色、彩色、黑白、红与黑等。

情绪：惊讶、兴奋、不安等。

镜头、视角：特写、鸟瞰图、远景等。

材质：透明的、玻璃的、毛茸茸的、带刺的、动物皮毛、光泽、羽毛等。

风格：水彩、素描、油画、丝网印刷、解构主义、未来主义、迪士尼等。

艺术家：画家、摄影师、电影风格、导演、插画家等（要写出具体的名字，如凡·高、宫崎骏）。

画面质量：高清的、背景虚化、真实感、速度感等。

感受随着提示词变化，作品生成的过程

初学时可能无法一下就想到很全面的提示词，我们可以一步步修改提示词，感受作品通过调整渐渐完善的过程。

确定主体

①在聊天指令区域输入"/"，调出指令 /imagine，输入提示词 an anime illustration of a samurai（关于武士的动漫插画）。Midjourney Bot 自动理解这句话，抓住了提示词的重点，同时也随机产生了画面背景、颜色、构图、人物形态等内容。

确定色调

②为了让画面更加时尚和精致，可以先确定颜色，如使用深红色和深灰色，加入提示词 dark pink and dark gray。可以看到，颜色的确改变了，但是画面风格很普通。接下来寻找合适的插画家风格并加入相应提示词。

寻找风格

③尝试中国水墨风格，加入提示词 in the style of Tradition Chinese Ink Painting，画面色调反而不那么浓郁了，效果不是很理想。这一步可以多寻找不同的艺术风格，进行更多测试。

确定风格

④如果想换一个比较酷且色调浓郁的风格，可以指定相关的插画家或艺术家，如科幻风格的瑞典插画师 Kilian Eng（希利安·恩格）。加入提示词 in the style of Kilian Eng。可以看到，加入提示词后的效果非常好，画面色彩浓郁，背景丰富。

确定构图

⑤上一步生成的图的构图不稳定，有时候出现的是半身像，有时候是全身像。这次给出提示词 landscape-focused（以景观为中心的），目的是改成以风景为主的构图。可以看到效果是非常好的，人像被缩小了，图片更有张力。但是这样的图片让人觉得少了点睛之笔。

确定新主角

⑥将主角改为熊猫武士，即在 samurai 前加上 panda。画面变得非常有趣，而且熊猫的脸部黑白分明，成为图片的视觉中心。

提升光感与细节

⑦增加一个提示词：rtx on。RTX 是指高性能显卡，加入这个提示词可使图片产生更为精确的阴影、反射、折射和全局照明等效果，让图片呈现更真实的光影。增加其他艺术家的名字，如 Jon Foster（乔恩·福斯特）、Martiros Saryan（马尔季罗斯·萨良），可以让背景更多变。

更改长宽比

⑧增加后缀 --ar 3:1，让长宽比变为 3:1，形成更有张力的构图感受。逐个测试之后，你会非常清晰地认识到机器人是如何理解文字的，最终调试的效果也会非常稳定，出图率比较高。

an anime illustration of a Panda samurai, in the style of kilian eng, dark pink and dark gray, landscape-focused, rtx on, jon foster, martiros saryan

一幅熊猫武士的动画插图，采用希利安·恩格风格，深粉色和深灰色，以风景为中心，RTX光追效果，乔恩·福斯特，马尔季罗斯·萨良

感受先建立复杂提示词后调试的创作过程

有了之前的经验，我们可以一次性确定好我们想要的提示词，然后进行调试。

题材: 时尚杂志摄影效果

主体: 一个模特穿着古驰 2022 年的夏季套装

细节: 具有很强的时尚感，穿着光滑的材料，具有强烈的质感与反光效果

背景: 拍摄风格的灵感来自莫奈的画作，背景是一个以静物油画为背景的美术馆

质感: 电影般的灯光照明，高度逼真的摄影，最佳质量，超精细，8K

构图: 人物半身像

主体中提到了古驰，品牌本身就具有强烈的风格，背景中提到了莫奈的画作，印象派绘画的装饰感很好，而且颜色丰富，因此不需要再添加艺术家名称或色彩方面的提示词了。下面把描述改成英文。

题材: Fashion magazine photography featuring

主体: a model in GUCCI's 2022 summer suit

细节: with strong fashion sense, wearing a glossy material that provides a texture feel

背景: The style of the shoot is inspired by Monet's paintings, set in an art gallery with still- life oil painting as the backdrop

质感: and lit with cinematic lighting , highly realistic photography, best quality , ultra detailed ,8k

构图: medium shot

经过测试，出图效果比较稳定。

在这个基础上，我们还可以更改模特年龄为 78 岁（添加内容：78-years-old woman model）。如果生成的图片中的模特普遍显得憔悴，我们还可以专门加上"要求模特更自信"这样的内容，以此来微调。不过此时的模特足够时尚和自信了。

再大胆一点的话，我们可以考虑换成动物拟人态的真实摄影风格，也就是给模特加一个限定词，修改相应内容为 a Anthropomorphic dog model（一个拟人化的狗模特）。这一次出图的稳定性就变差一些了，有时画面主体为一只狗，有时有男模特出现，而且狗的姿势也不是每次都很恰当，因此需要挑选合适的图片，但是总体出图率还可以。

Midjourney 相关的分析数据库会不断丰富，出图情况也会有所不同，但掌握了其内在逻辑，就可以更好地应对变化。

限定了狗为斑点狗（spotted dog），本来希望出现斑点狗的头部，却生成了这一张各方面都不错的图。尽管西服不具有原定品牌风格，而变成了斑点狗皮毛风格，但领带等还是有品牌特色的，颜色非常饱满。黑白相间的西服与模特的形象相结合，效果令人十分震撼。这种图就属于随机出现的佳图。

把狗的单词换成长颈鹿（giraffe）时，机器人解读为我们要的模特的脖子比较长或出现真实的长颈鹿。你可以试试把 a Anthropomorphic giraffe model（一个拟人化的长颈鹿模特）中的 model 删掉，让机器人不要误解为图片中既有模特，又有长颈鹿。

但如果把长颈鹿换成猩猩（orangutan），出图率更高。篇幅有限，不能把所有过程稿展示出来，这里的两张图展示了非常好的猩猩与时尚结合的效果。

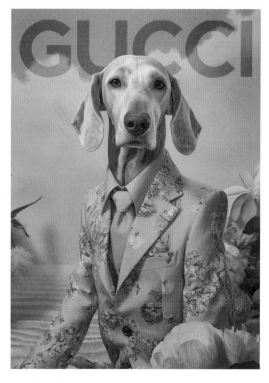

上图是在提示词中描述女模特穿着 GUCCI 2022 年夏装的效果，右图是在提示词中描述拟人狗模特穿着 GUCCI 2022 年夏装的效果。可以看到两者的风格比较一致，画面的复古感、装饰感都非常足。

上图是在提示词中描述女模特穿着 Issey Miyake（三宅一生）2020 年夏装的效果，右图是在提示词中描述拟人狗模特穿着这一品牌的 2020 年夏装的效果。虽然拟人狗模特这一画面很酷，但是因为风格的冲突，背景中的油画这一细节没有了，背景变成极为简洁的色块。你可以多试几次，找到既有穿亮面西服的人物，又有油画背景的作品。

初次尝试使用图片提示，将扁平风格变立体风格

/imagine 允许上传 1 ～ 5 张图片，可以将图片提示与文本提示结合起来进行制图。 先测试单张图片的提示效果，上传一张图片，然后把扁平风格的图片制作成立体风格。

上传图片

①首先在自己的电脑中找到想上传的图片（如小房子的扁平插画），将图片移到聊天指令框上，此时弹出一个蓝色提示信息框，表示正在上传图片。松开鼠标后，小房子图片出现在聊天指令框上，此时并未成功上传，还需要在聊天指令框空白的情况下按回车键。

②按回车键后，聊天指令框上方会显示上传进度条。

④将图片移到聊天指令框中，图片地址自动出现在聊天指令框中，需要先按空格键，然后加入提示词 c4d，再按回车键。

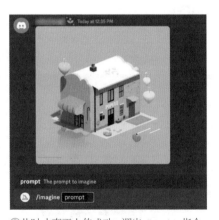

③此时才真正上传成功。调出 /imagine 指令。

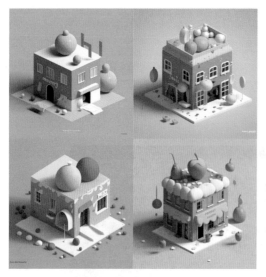

⑤生成图片的立体效果非常接近原图效果。

⑥如果希望效果更接近原图，可以添加后缀 --iw 2。这样可以让图片提示更重要。

再次上传一张图片。执行的步骤和上一个案例是完全一样的。依旧是让这张极简插画变得立体。立体效果相关的提示词非常多，如浮雕、3D 风格、C4D 风格、积木风格等。

这是文本提示为 3D 的效果。

这是文本提示为 relief（浮雕）的效果。

使用图片提示，
并给自己的作品换几个风格

此图为笔者早期的手绘作品，由于当时操作软件不熟练，因此画面细节控制得不理想。将图上传，然后加上简单的文字提示：Real time photography（真实的摄影风格），natural lighting（自然光），and beautiful visuals（和出色的视觉效果）. 8K --iw 2。看看 Midjourney 会带给我们什么惊喜。

此图展示的是添加后缀 --niji 5 --style scenic 的效果，画面非常可爱。

此图展示的是使用 v5.1 的效果，图片质感接近绘画。

此图展示的是使用 v5.1 的效果，图片质感接近照片。

前几张图中我们没有增加艺术家风格，因而产生的作品和原图是非常接近的。如果增加提示词 in the style of ×× 或 art style by ××（×× 为艺术家名字），即使添加了后缀 --iw 2，画面也会变得更加自由。这里的 5 张图为转换风格后依旧非常漂亮和让人惊喜的画作。但并不是每次更换艺术家一定会成功，需要大量测试，才能找到与自己的画风更匹配的艺术家的风格。

添加提示词 Disney Pixar Studio（迪士尼皮克斯工作室），让其具有迪士尼皮克斯风格，另外使用了 --niji 5 --style expressive。图中这个女孩非常像公主。

添加提示词 in the style of Yoshitaka Amano（天野喜孝的风格），天野喜孝是日本插画家，这张图中的人物有些忧愁。

添加提示词 in the style of Jacob Hashimoto（雅各布·桥本的风格），雅各布·桥本是美国装置艺术家，生成的这张图的效果有些让人意外。

添加提示词 in the style of Monet（莫奈的风格），莫奈是法国的一位印象派画家。这张图的效果很不错，很符合笔者绘制原图时的情绪。

添加提示词 in the style of Anne Bachelier（安妮·巴舍利耶的风格），安妮·巴舍利耶是法国的一位画家。图片效果很唯美。

利用图片提示，尝试建立系列作品

flat illustration, line art, minimalism a girl --niji 5
--style expressive 平面插图，线条艺术，极简主义女孩

首先使用提示词创建了这个作品，然后将其下载并重新上传，获得一个图片链接，以此来进行下一步编写。

使用相同的提示词可以产生很多相似的图。

你可以上传自己的照片，然后设置为迪士尼风格，就可以产生这种风格的图片了。多次尝试后可以看到风格是一致的，但人物动态是随机的。

可以试试用这个方式来修改自己的照片，比如把照片改为迪士尼风格，或许有意想不到的效果。我们还可以用这种方式去做系列作品，通常具有很高的可控性。

了解 Midjourney Bot 的"想法"，预判作品方向

初学者都很喜欢找别人的提示词来测试，这是模仿和学习的正常步骤。然而有的提示词特别简单，有的特别烦琐，有的还需要图片提示才能得到想要的效果。AI 制图是随机的，使用同样的提示词，未必能够获得同样的图片。的确，提示词是我们和计算机建立联系的渠道之一，但我们不能停留在测试别人的完整提示词这个阶段，我们要学会分析提示词，预判图片生成的方向。

Midjourney Bot 会将提示词分解成较小的单元，使其成为 token（标记，在计算机科学领域，token 常指一种数字或字符串，用于在计算机系统中进行身份验证、授权、加密等操作）。假设"杨过"（金庸小说人物）是一个 token，如果 Midjourney Bot 没有学习过这个词的意思，即使你写进去，AI 也无法反馈让你满意的结果。如果有一个 token 是雕，Midjourney Bot 学习过这个词，那么它就能马上发送雕相关的图片供你选择。

在网上找到的大段的提示词通常包含很多无用而重复的内容，有的完全不适合改动。无论什么句式，Midjourney Bot 都要将其拆解，语法是否正确并不重要。前面也提过，它不懂语法，关键是清晰表达我们的需求，不要使用过多的无用词，随着使用时间变长，我们就会越来越了解 Midjourney Bot，从而写出好用的提示词。

①在网上找到了一段提示词：3D handbag art, blue and white porcelain, white jade, jasper, jadeite, aunt, gold, Kinkakuji, Toyotomi's golden ratio tea room, Tang and Song architecture, super clear。

②分解提示词并翻译成中文。

3D handbag art	3D 手提包艺术
blue and white porcelain	青花瓷
white jade, jasper, jadeite	白玉、碧玉、翡翠
aunt	阿姨
gold	黄金
Kinkakuji	金阁寺
Toyotomi's golden ratio tea room	丰臣氏的黄金比例茶室
Tang and Song architecture	唐宋建筑
super clear	非常干净通透

③分开测试每一个或每一组提示词能生成什么样的图像，这样可以帮助我们理解 Midjourney Bot 的"想法"。随着经验增加，慢慢就不需要再测试一些熟悉的词了。比如对于 gold，我们就不用做测试了。

提示词为 3D handbag art

提示词为 blue and white porcelain

提示词为 white jade, jasper, jadeite

提示词为 aunt

提示词为 Kinkakuji

提示词为 Toyotomi's golden ratio tea room

提示词为 Tang and Song architecture

提示词为 super clear

④测试完所有的提示词后，发现了两个无用词，分别是 super clear 和 aunt。让我们大跌眼镜的恐怕是 super clear，写词的人希望得到安静的画面，但是 Midjourney Bot 把它理解为超人了，因此这个词是一个无用词。aunt 对构图色彩等方面的影响都不明显，可以删除。此外，以上词都可以测试多次，若不太熟悉某些内容，比如丰臣氏的黄金比例茶室，可以找一些资料来查阅。

根据原提示词制作出来的图

⑤输入步骤①中的原提示词，再输入删除了无用词的提示词，分别生成图片，看看两者的效果有没有差别。

用修改过的提示词制作出的图

用修改过的提示词制作出的图，变化不大

⑥我们做一个大胆的猜测，Toyotomi's golden ratio tea room 这个短语的作用不是很大，尝试删除后发现果然变化不大。

其实我们如果能多进行几次这样的提示词优化，就会越来越熟悉 Midjourney Bot 对每一个词的理解，从而很容易预判结果。这时从网上找来的提示词就变成了对我们有价值的东西了。

⑦测试一下，颠倒提示词的顺序是否会得到不一样的结果。答案是变化不大。其实现在提供的提示词已非常精准，更换顺序没有什么意义，Midjourney Bot 很明确而稳定地输出了多张风格与效果相似的图。

颠倒提示词顺序后制作出的结果，变化不大

⑧把 blue and white porcelain, white jade, jasper, jadeite 这些表示颜色和材质的单词和短语删除，保留了 gold，另加上 amber（琥珀色）。把 3D handbag art 改成 3D art of game console（3D 游戏机），再进行测试。

⑨这组图是以 3D art of game console 为主体生成的。生成了几次，图中的游戏手柄与建筑物融合得不是很好。于是笔者去与 ChatGPT 聊天，ChatGPT 说作为一个机器人，它认为 3D art of game console 与 3D game console art 不是一个意思，于是我们再次到 Midjourney 中验证两者的差别。

3D art of game console 为主体生成的图

提示词为 3D art of game console

提示词为 3D game console art

⑩经过测试，我们发现使用 3D game console art 生成的画面更干净，游戏机的造型更加完整，没有多余的内容，这与我们想要的方向一致。

这 3 张图都是以 3D game console art 为主体生成的，非常好看

　　如果对英语不熟悉，可能创作初期进展比较慢，但不要紧，只要多测试这些提示词，很快你就会成长起来，在制图过程中有更准确的预判。

第 6 ~ 10 小时
掌握模型版本与指令

a beautiful mecha girl wearing mirrored shattered sunglasses that reflect
the sunset, vantablack and chrome suit, desert-ruin city background, hyper
realistic, detailed, 8k

一个漂亮的机甲女孩，戴着反射日落的镜面破碎的太阳镜，梵塔黑镀铬套装，沙漠
城市遗址背景，超现实，细节，8k

熟悉 Midjourney 模型版本

Midjourney 会不断发布新模型版本，但旧的不一定要弃用，这是它与传统软件不同的地方。

2022 年 3 月，Midjourney 启动邀请制 Beta 版本，由于文生图本身强大的吸引力，且 Midjourney 创作的图片质量较高，该版本一推出即吸引了大量用户。同年 4 月、7 月、11 月，v2、v3、v4 版本相继发布，其中 v4 版本补充了生物、地点等信息，迭代出了自己的模型优势，增强了对细节的识别能力及多物体、多人物的场景塑造能力。v4 版本有 3 个附加调整的样式，可通过添加 --style 4a、--style 4b 或 --style 4c 使用。2022 年 8 月，在美国科罗拉多州博览会艺术比赛上，游戏设计师 Jason Allen（贾森·艾伦）使用 Midjourney v4 制作的作品《太空歌剧院》夺得了数字艺术类别冠军，使得 Midjourney 名声大噪。

2023 年 3 月发布的 v5 版本解决了一些技术难题，完成了跨越性的突破。2023 年 5 月 4 日发布的 v5.1 版本是本书使用的默认版本，此模型具有更强的美感，更适合使用简单的提示词，提高了图像清晰度，并支持重复无缝拼贴模式 --tile。v5.1 版本的 --style raw 可以删除默认的审美效果。而 v5 模型比默认的 v5.1 模型更利于产生真实摄影效果，此模型生成的图像与提示词非常匹配，但可能需要更明确的提示词（语句更长、更复杂）才能得到你想要的美感。

test 和 testp 是两个测试版本，testp 主要是针对摄影方面的，可用后缀 --test 和 --testp 切换。尽管 --test 与 --testp 两个测试版本出图不是很稳定，但可以增加后缀 --creative 来探索新风格，即 --test --creative，--testp --creative。

Midjourney 还开发了专门针对动漫、卡通的模型 Niji。Niji 5 很厉害，有可爱的、富有表现力的、场景戏剧性的、常规的 4 个可选风格，可使用后缀 --style cute、--style expressive、--style scenic、--style original 来切换，它们能够帮助我们制作更多精彩的作品。

总结一下，大家最常使用的版本是 v5.1 和 Niji5，其次可能是 v5、v4、Niji4，每个模型都有各自擅长的图像类型，我们要掌握不同模型的优势，不指定某一种风格时，可以分别用不同的模型版本运算确定好的提示词，以此找到最合适的图像效果。

Cyberpunk girls look at the center of the city
赛博朋克女孩眺望城市中央

使用不同的模型版本，输入同样的提示词生成的图像

in the sky,Astronauts ride bicycles, balloons

在天空上，宇航员骑着自行车，气球

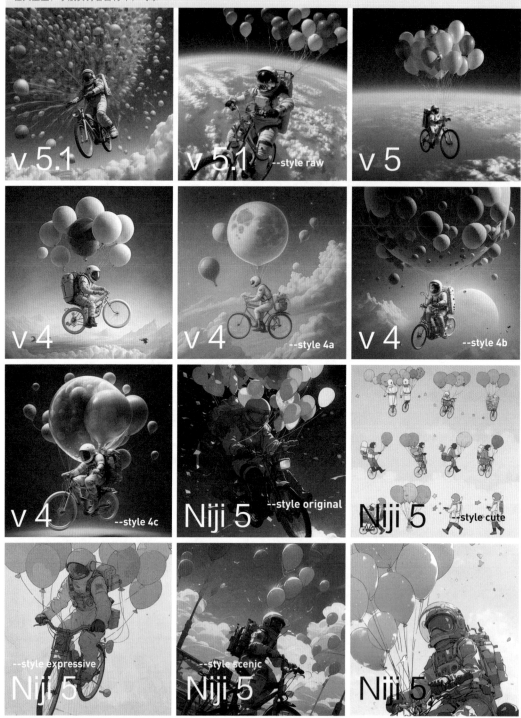

Bicycle dragon hybrid
自行车、龙、杂交动物

"girls just wanna have fun" a painting by Magritte
马格里特的一幅画《女孩只想玩得开心》

flower high heels, futuristic style
花朵高跟鞋，未来主义风格

　　或许有人认为极具创意性的提示词不适合 Niji 模型，但测试 Niji 5 模型后，结果出人意料。也可以试试 test 模型，虽然出图情况不稳定，但可以迅速发掘新风格。

常用指令汇总

任何个人创建的服务器上只要添加了 Midjourney Bot，就可以通过指令与 Midjourney Bot 进行交流。如同我们之前使用过的 /subscribe 指令和 /imagine 指令一样，其他指令也需要掌握。

由于 Midjourney 在不断成长，更新频率高，更新方式便利，因此指令不是固定不变的，有的指令虽然在官方快速使用指南中，但已经不能使用了，新的指令也在增加，如 /invite 指令。不过不用太担心，常用且重要的指令是比较固定的，学会了这些指令，很容易举一反三。

指令	功能说明	扩展
/ask	得到一个问题的答案。你需要在指令后输入自己的问题	Midjourney Bot 不是聊天机器人，你只能问一些与功能使用有关的问题，它会把相似的固定答案发送给你
/help	直接输入指令，机器人会给你发送预置好的使用说明	
/invite	直接输入指令，你会得到一个邀请链接，可以把 Midjourney 的重要更新信息直接发送到你的服务器的任何一个频道里	
/subscribe	直接输入指令，机器人会为你的账户生成个人购买链接，你也可以查看自己的购买套餐情况	
/fast	使用该指令可切换到快速模式。快速模式不需要等待的时间，任务会被优先处理	不论你使用什么套餐，快速模式的时间都是有限的。你也可以单独购买快速模式的时间
/relax	使用该指令可切换到放松模式。套餐的情况不同，等待的时间也不同	不紧急的作业建议使用放松模式
/imagine	使用提示词生成图像。你需要在指令后输入自己的提示词，机器人根据其生成图像	使用频率最高的指令，全书将配合案例讲解很多关于如何编写提示词的思路
/blend	轻松地将两个图像混合在一起。混合图像是非常有趣的功能	"/blend：图与图的混合"介绍了该指令的用法

指令	功能说明	扩展
/describe	当你不了解如何描述图片时，可以上传它，然后使用这个指令让机器人根据你上传的图片编写 4 个提示词示例	"/describe：以图生文"专门介绍了该指令的用法
/show	在 Midjourney 中生成的作品，都会产生一个 ID 号码，我们可以使用这个 ID 重新生成图像。该指令可使用 ID 号码展示已生成的作品	"/show：展示已创建的作品"专门介绍了该指令的用法
/stealth /private	使用该指令可切换到隐身模式。如果你购买的是最高档价位套餐，隐身模式可以让你的作品不被发送到公开图库中	Midjourney 是一个默认开放的社区，所有生成的图像都可以在 Midjourney 网站上看到，只有隐身模式下可以不公开自己的作品
/public	使用该指令可切换到公共模式。只有购买最高档价位套餐的用户才能使用这个指令	
/info	查看有关个人账户的订阅信息，包括使用时间和作业次数等数据，以及任何正在排队或正在运行的绘画作业的信息	
/prefer remix	切换混音模式。Remix 是一个实验性的功能，可能会随时升级版本	"/prefer remix：打开或关闭混音模式"中介绍了该指令的用法
/settings	查看和调整 Midjourney Bot 的设置，可以设置模型版本、质量值、样式值、隐藏或公开模式等	"/settings 设置"中专门介绍了该指令的用法
/prefer option set	在指令后面输入预设名称和具体后缀，目的是创建可将后缀快速添加到提示词末尾的自定义选项	"/prfer option set：预设多个后缀"中介绍了该指令的用法
/prefer option list	查看当前的自定义选项	
/prefer suffix	可在所有提示词末尾自动附加指定的后缀。若指令后没有任何后缀，就可以直接复位	"/prfer suffix：短期预设每个提示词末尾"中专门介绍了该指令的用法
::	将文本分割开，便于设置权重	":：多文本分割及权重设置"中专门介绍了该指令的用法
{ }	使用单个命令执行多个项目	"创建批量提示词"中专门介绍了该指令的用法

寻找可用指令的方法

你不需要背诵指令，只需要在聊天指令区输入 /，就会自动弹出指令提示，单击任意一个指令，该指令就会出现在聊天指令区。常用的指令会出现在比较靠上的位置。

指令下方的信息是对这个指令的介绍

近期使用频繁的指令
会出现在上方

聊天指令区

输入"/"后，上方出
现指令提示列表

指令末尾有"Midjourney Bot"，代表它
是 Midjourney 特有的指令

两种类型的指令

指令的类型有两种。一种指令需要输入附加信息，如 /imagine，前面我们使用 /imagine prompt a flower 来生成一朵花。另一种是直接输入便可执行，如 /subscribe，输入指令后直接按回车键，机器人会给出相应的回复。

当鼠标指针移动到相
关指令上，出现黑底
色的文字时，说明这
个指令需要编写信息

指令不一样，黑底色的
文字也不同

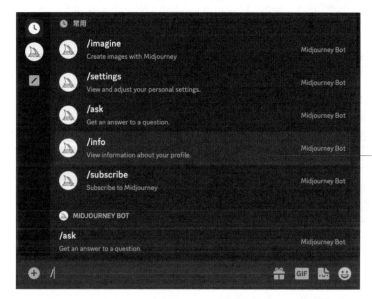

将鼠标指针移动到 /info
指令上，没有黑底色的
文字出现，说明单击这
个指令后可直接按回车
键执行

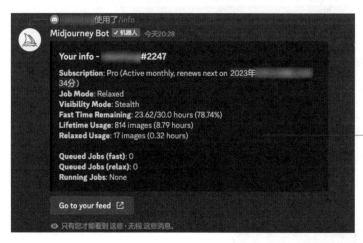

选择 /info 指令后，机器
人回复了关于个人账户的
具体信息，只有自己能看
到这些内容

　　直接按回车键执行的指令大多数都非常简单，只要根据指令表格了解功能差别就可以直接操作，这里就不具体展示了。需要输入附加信息的指令将在后续内容中展开讲解，难度较大的指令会用案例形式进行展示。

/settings：设置

　　使用 /settings 指令可选择版本，也可添加 --v 5.1 等内容到提示词的末尾来更改版本。很多版本对相同的风格都有微调，我们为更好地使用，两种更改版本方式都要熟悉。

①在聊天指令区输入 /settings，按回车键。

这里的标注表示每个作业都会在提示词末尾自动增加 --v 5.1 --style raw

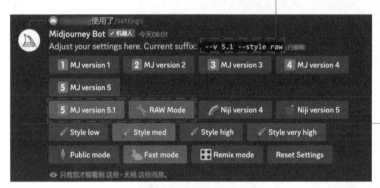

上半部分都是与更改模型有关的按钮

下半部分主要是风格化参数与常用模式相关按钮

②打开设置选项区。我们可以看到有 8 个版本可选。单击 MJ version 5.1 按钮后，再单击 RAW Mode 按钮（该按钮在单击 MJ version 5.1 按钮后出现），就自动添加了 --v 5.1 --style raw。

每个作业都会自动添加 --niji 5

③此时选择的是 Niji version 5。Niji version 5 除了默认风格外，还有 3 个可选风格，对应后缀分别为 --style cute、--style expressive、--style scenic。若想切换版本 cute，则要手动加入 --style cute。

test 和 testp 这两个测试模型没有显示，需要手动输入，例如，要生成罗恩·阿特金森的图，可以输入提示词 rowan atkinson --test，其默认设置为 v 5.1、style raw，其执行的模型是 test 模型。

settings 面板上还有关于风格化参数的预设按钮，以及其他常用模式切换按钮。风格化参数的预设按钮只有 4 个，对应 4 档，如果想设置自由化参数，则需要手动将其添加到提示词的后缀位置，如添加 --s 1000。关于风格化效果的差别，请参考后缀 --s/--stylize 的相关内容。

--stylize 后缀预设情况

Midjourney 是一个默认开源的社区，作品会自动发送到 Midjourney 的图库中，提示词都是公开的，可查阅。只有购买高档服务的用户可以设置隐藏模式，保证自己的作品不再开源发送到 Midjourney 的图库中。

快速模式下生成图片的排队的时间比较短，而放松模式下平均排队时间为 5~10 分钟。不同收费档次的用户拥有不同长度的快速模式时间，用完就只能使用放松模式，或额外购买快速模式的时间，所以需要使用 /info 指令随时查阅自己的快速模式时间的剩余情况。

混音模式是可以不断对作品进行细致调整的操作模式，后面会详细讲解。

/prefer option set：预设多个后缀

若你经常使用 Midjourney，就可能会有自己常用的后缀。可以通过 /prefer option set 指令进行设置和删除，以及使用 /prefer option list 指令查看。

①输入 /prefer option set 指令，显示黑底色的文字 option，笔者在文字后方填写的是数字 2，意思是预设的后缀名称为 2。然后单击 +1 more。

②弹出选项列表，选择 value 选项。

③在 value 后输入预设后缀 --niji 5 --style scenic，然后按回车键。

④Midjourney Bot 回复我们，已经设置成功了。

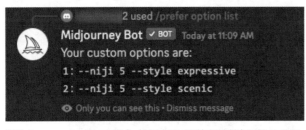

⑤输入 /prefer option list 指令，按回车键，可以查看所有预设的后缀。这里显示预设了两个后缀。接下来学习如何使用预设后缀。

mother's day flat illustration poster --niji 5 --style scenic

母亲节扁平风格插画海报

⑥用 /imagine 指令生成图片时，在提示词后面输入 --2。这时 Midjourney 会自动理解为添加后缀 --niji 5 --style scenic。这样非常方便，减少了大量的输入时间。

⑦如果想删除预设后缀 1，输入 /prefer option set 指令，在黑底色的 option 后面填写其名称 1，不需要选择 value 选项，直接按回车键即可删除这个预设后缀。

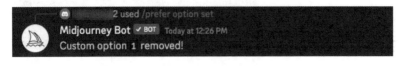

⑧提示我们已经删除了名称为 1 的预设后缀。

/prefer suffix：短期预设每个提示词末尾

如果我们一段时间内要使用的后缀是一样的，为了提高效率，可以进行统一设置。

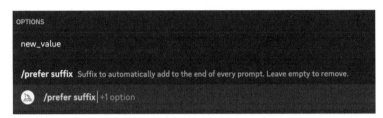

①输入 /prefer suffix 指令，单击 +1 option，弹出 new_value 选项，单击该选项。

②输入预设后缀 --ar 4:5 --s 0 --v 5.1 --style raw，按回车键。

③提示设置成功。

④输入 /imagine 指令，再输入任意提示词，这里输入 art look at me。这与 /prefer option set 的用法不同，不需要再输入任何后缀就可以直接按回车键。

⑤Midjourney 会自动加入我们之前预设的后缀。

这里演示的是在提示词末尾预设后缀，实际上如果你一段时间都要做一种风格的创作，完全可以预设主要提示词之外的艺术风格信息、画面质量信息等，之后每次更改主要提示词即可。

art look at me --ar 4:5 --s 0 --v 5.1 --style raw

艺术品看看我

⑥删除预设内容很简单，回到步骤①，直接按回车键，就会提示预设内容已经删除了。

/blend：图与图的混合

/blend 指令允许我们上传 2 ～ 5 张图，然后会提取每张图的视觉元素和美学特征，将它们合并成一张新图。

/blend 最多可处理 5 张图，要在提示中使用 5 张以上的图，需要使用 /imagine 指令。

/blend 不支持文本提示，只适用于图与图的混合。如果想同时使用文本提示和图片提示，需要使用 /imagine 指令。

运用 /blend 指令，把两张原始图混合，在生成的图中挑选一张图与第三张原始图混合，得到的效果与三张原始图混合的效果是差不多的。

可以设置 dimensions 参数，即设置图片比例，但只能在 1∶1（square，方形）、2∶3（portrait，肖像）和 3∶2（landscape，景观）中进行选择。

用 /blend 指令混合图片，也接受 /prefer suffix 预设。但如果设置了 dimensions 参数，它会覆盖自定义后缀中的宽高比（如果自定义后缀中设置了宽高比）。

为获得最佳效果，上传的图片最好与想生成的图片具有相同宽高比，否则有的作品会出现黑边或白边，需要自行裁剪。

①选择 /blend 指令，会自动出现两个上传区域。我们把要上传的图片拖到这里就可以了。

③可以看到，合成的瓶子上印有狮子花纹，并且出现了白边、黑边。

②先试试只上传两张图片，让它们混合，拖到指定位置后，直接按回车键即可。dimensions 参数是可选项，如果不做选择，直接按回车键就会生成默认的 1∶1 尺寸的图片。

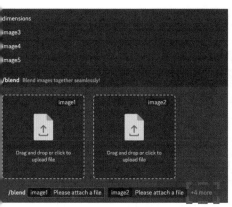

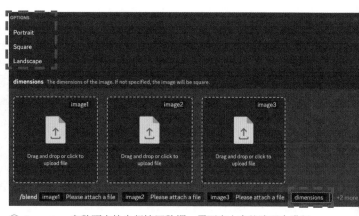

④使用 /blend 指令，会显示步骤①的窗口状态，单击 +4 more，上方就会出现 4 个选项。单击 image3，就会增加一个上传图片的区域，单击 dimensions 就会显示尺寸选择栏。

⑤ dimensions 参数不支持自行填写数据，需要在上方的选项中进行选择，我们可以选择 Portrait，即 2∶3 的比例。然后按回车键。

感受 2~5 张图片的混合

接下来感受多个图片的混合。因为没有文本提示，所以我们可以在这些作品的一致性中了解到，Midjourney 一旦确认保留原图片的某些特征后，就会输出具备这些特征的相似作品。

3 张图分别是瓶子、狮子和青山，后续描述中分别称其为瓶子图、狮子图和青山图。

狮子图和青山图混合后生成的图片很气派，原图的优点都被保留了下来，周围偏暗，中间有高光，也符合原来的狮子图的效果。

瓶子图、狮子图、青山图混合，得到了青色的背景、山与树的装饰效果，瓶子与狮子的造型结合了，画面效果很棒。可以多试几次，以获得更多优秀的作品。

狮子的表情有愤怒的、漠视的，也有愉悦的。青色的高洁、黄色的贵气，以及狮子的桀骜的情绪，使得这组作品看起来很棒！选出来的这3张图很好地保留了原来的造型、颜色，以及山水元素和松树的元素。作品的艺术性很高，狮子的气质给人正向的感受，山水、配色等符合中国风格。如果想在此基础上进一步更改混合效果，需要加入文本提示，可以使用 /imagine 指令。

两张图分别为拼贴人物像和复古感花朵，后续描述中将其分别称为拼贴图和花朵图。

瓶子图、狮子图、青山图、拼贴图混合后生成的大多数图片效果都不好，但这张效果还不错。

虽然不是每张图片都很棒，但多试几次后，总能找到不错的图。从 Midjourney 保留每张图的特色与混合的最后结果来看，它能产生具有人类审美特点的作品，而且它的包容性很强。

瓶子图、狮子图、青山图、拼贴图、花朵图混合后生成的图片中，这两张的效果比较好，树枝悬浮在空中，拼贴风格也很好地体现在了图中。花朵并没有随意出现，而是与狮子的头融合得非常紧密（花朵图的构图特色被融合得非常好）。狮子的身体、瓶子与花朵融合为一棵树的样子。

图与图融合的创造力探索

当你多次使用 /blend 功能之后就会有所体会，一起融合的图越多，效果越不好控制。尽量选择合适的图进行融合，这样得到的效果有时是非常惊人的。

图 1 包含火焰元素，展示了人的面部。

图 2 包含海浪与猫，有速度感。

图 3 包含龙元素，颜色丰富。

图 1 与图 2 混合后生成的这张图的张力变强了，Midjourney 对猫进行了拟人化处理，形成了这个火焰猫的造型，速度感与愤怒的情绪很到位。

图 2 与图 3 混合生成的这张图片气势磅礴，很好地保留了原图的优点，图中的生物给人一种上古神兽的感觉，凶相毕露。由于原图尺寸有差异，因此生成的图有黑边，需要裁剪，此处展示的是调整后的图。

图4的金色较突出。

图5包含鹿角、花朵等元素。

图4和图5混合后生成的这张图片的融合效果非常惊艳！两张作品的尺寸相同，能让图片混合的效果更好。这张黑金相间的正面肖像图包含了鹿角与鲜花，光影处理恰当，有质感。

图6是一张有彩色龙的街道图。

图6中间背包的人会干扰融合，使用Photoshop去掉这个人，将改后的图称为图7。

图7与图1混合后生成的这张图片中，街道里出现一个火焰般的人，画面很震撼。

混合图片是为了得到更好的效果，我们应尽量尝试有效混合，确保混合能够向自己希望的方向发展。最好能够预判 Midjourney Bot 保留下来的有效视觉信息是什么，不要盲目地进行无效混合。被混合的图片布局不要相差太大，这样元素的位置才会比较自然。不重要的元素可以删除，避免其被混合进新图中。

　　这组图是图 2 与图 7 混合生成的，其中的生物有飞跃、奔跑、腾空的姿态，这就是有效的融合。这次混合非常成功。猫与龙融合后非常像中国古代神话中的巨兽，配合火焰、街道、水，效果非常震撼，红色与蓝色的矛盾冲突也让人很舒服，画面动感十足。

　　Midjourney 的制图方式有很多，并非依靠提示词解决一切，我们应该结合多种方式进行制图。

/describe：以图生文

　　/describe 指令是一个很常用的重要指令，也是非常好的学习工具，可以帮助我们理解计算机是怎么识别图片的，对后期我们自己创作提示词有很大帮助。

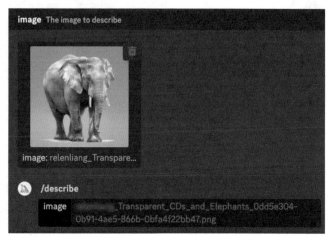

①选择 /describe 指令，它要求你添加图片，可以拖动一张图片到虚线区，也可以单击上传图标，从文件夹里找到图片并上传。

②拖动一张图片到虚线区后，按回车键。

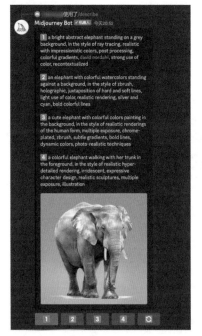

③机器人回复了 4 段不同的英文描述。你可以选择其中任意一段来生成图片。也可以让它重新生成 4 段描述。可以多次单击按钮 1、按钮 2、按钮 3、按钮 4。

④选择描述 4 后，会弹出这个对话框。你可以直接提交这段文字，看看它会生成什么图像，也可以对这段文字进行修改。

⑤机器人承接了这个任务。笔者使用了放松模式，所以需要较长的等待时间。

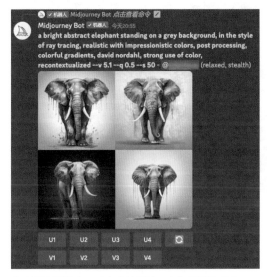

⑥这是选择描述 1 后生成的图片，和初始图片很像。

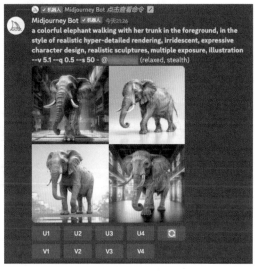

⑦这是选择描述 4 后生成的图片，有的和初始图像比较像。

再次感受 /describe 指令的用法，重新生成 4 段描述，选择其中 1 段描述，并将 elephant 改为 cat，会得到怎样的结果呢？

在新生成有关猫的四联图片中，我们选择了一张漂亮的猫咪图，将其放大并下载。

运用以图生文功能创作接近原图的作品

/describe 以图生文指令的使用频率非常高。当用文字很难描述一些画面时，我们可以找到相似的图片，发送给机器人，让它生成关于该图的 4 个描述，然后再去绘制相似的作品。

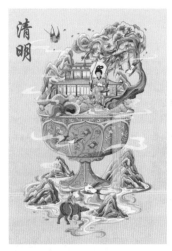

①找到一张有趣的插画作品，以中国式酒杯为主题，内有山水、庭院、古代仕女、鸟儿和云雾等元素。在使用 AI 创作初期，很难将复杂图片描述完整。

②把这张照片上传，使用 /describe 指令生成四段描述。选择描述 1 来生成图像。

③得到的效果不是很好。我们可以把其他描述都试用一下，生成不同的图片，看看能否获得我们想要的结果。

④用描述 2 绘制出的作品相当不错，让计算机继续往这个方向生成图片，以供选择。

⑤又一次生成以描述 2 为基础的作品。继续生成图片时，增加提示词 style by watercolor（水彩风格），以降低立体感，强调淡雅的水墨感。

⑥图片有了一点点淡雅的水墨感。我们对提示词进行大幅度调整。

⑦调整后的提示词: style by watercolor, an illustration of a Chinese water pot with different figures, in the style of surreal and dreamlike compositions, rococo pastel hues, mote kei,multi-layered narrative scenes, editorial illustrations, columns and totems, cherry blossoms --ar 135:191 --v 5.1 。大致意思: 水彩风格, 一幅含有不同人物的中国水壶插图, 超现实和梦幻般的构图风格, 洛可可粉彩色调, 受欢迎的, 多层叙事场景, 编辑插图, 柱子和图腾, 樱花。图片中粉色的比例较大, 重点找一下有关颜色的语句。style by watercolor 是步骤⑤中增加的, 目的是得到淡雅的效果, 这部分暂时不改动。而 rococo pastel hues 实际上是洛可可粉彩色调的意思, 删除这部分, 加上 Chartreuse (淡绿色) 。

⑧输入 /imagine 指令, 再输入修改好的提示词, 开始制图。

⑨获得了新的四联图片。很明显, 粉色的比例不大了, 但是相比其他元素, 人物太小了, 不突出。这次只增加提示词 Girls in ancient Chinese clothing, 这样就会出现大一些的身着中国古代服饰的人物。

⑩获得了新的图片, 多生成几次通常就可以选出合适的作品。

⑪挑选其中一张与原图比较接近的作品, 用 Photoshop 加上文字, 稍微调整一下颜色的对比度, 并加上淡黄色背景以平衡画面的色彩, 最后得到这幅海报。

运用以图生文功能创作出新方向的作品

对于难描述的画面，我们可以使用以图生文指令进行探索，AI 创作具有很强的交叉性和融合性，结果多元。

①找到一张国潮风格的山水图。使用 /describe 指令生成 4 段描述。

如果第一次生成的提示词产生的作品不错，就不用第二次生成提示词，但如果不是这样，可以多次生成提示词，以获得更多可能。

②建议把 4 段描述都试用一下。比如这次，描述1和描述4的效果不佳，但另外两段描述的效果很不错。

③根据描述 2 绘制出的作品很漂亮，但是画面比较拥挤和复杂，就不继续修改了。

④描述 3 绘制出的作品比较有修改空间，风格也比较时尚，接下来继续修改这段提示词。

⑤描述3：of the sky and birds, in the style of victo ngai, ethereal cloudscapes, Himalayan art, stylized animal motifs, pastoral landscape, dreamlike motifs, detailed world-building --ar 15:14 --v 5.1。它的大致意思：天空和鸟，以倪传婧的风格，空灵的云景，喜马拉雅艺术，风格化的动物图案，田园景观，梦幻般的图案，细致的世界建筑。为了突出中国特色，我们把 birds 改为 red-crowned cranes，这样图中的动物就是仙鹤了。

 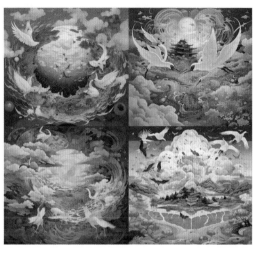

⑥用修改后的提示词生成的图片效果非常不错。美中不足之处是仙鹤太突出了。原图是鸟瞰角度，接下来加上 Aerial view 来凸显俯视效果。

⑦有了关于俯视的提示词，仙鹤就不会出现在图的正中央，并且不会十分突出了。如果觉得这个调整方向还不错，建议多试几次。

仙鹤变形了

⑨这张作品与原作品接近，整体效果好，但作为设计素材，构图差一些。

⑧重新生成图片的过程中，你或许觉得某一张图的整体效果还不错，可查看细节的时候就会发现，仙鹤是变形的，这种情况比较常见。你可以使用 V 按钮再次生成图片，找到细节与整体效果都合适的作品。

苍波万里茫茫去，
驾风鞭霆卷云路。
玉堂金屋不归来，
红尘向上青冥路。

⑩虽然构图与原图不同，但是这组作品本身的配色好看，并且画面的构图也非常好，仙鹤在前景，背景很丰富。可以把第3张图做成海报，因为这个作品的细节处理得很好，有很多古建筑在仙鹤的脚边，仙鹤体形很大，姿态优雅。挑图的时候要非常细致地观察，AI做出的图每次都不同，而且细节也会有很多偏差，这考验了我们的审美力和判断力。

⑪一张很有意境且画面饱满的海报就完成了。

⑫依然用这个风格，把red-crowned cranes改成Chinese dragon（中国龙），生成的图片效果非常震撼。比如这张图片就很不错，可以当作插图，但若用它制作封面，配色和构图都不合适。

用另外一张龙的图片设计了一张封面，复古且韵味十足，非常漂亮！

/show：展示已创建的作品

只要有作品的 ID 号，就可以使用 /show 指令重新制作一张图片。这个功能很适合交流、学习以及传播作品。如何找到作品的 ID 号呢？需要让机器人给你发送一封私信。

①在 Discord 的服务器里，如果你看到了这个作品，觉得非常出色，想再次生成一遍。可以在作品上单击鼠标右键。

②弹出菜单的顶部有一个小信封，单击它。

③小信封会出现在作品的下方，单击它。

提示了有新的私信。单击它来阅读私信。等你阅读完所有私信，这个数字图标就消失了

这个是服务器的标志，与上面的相似标志不是一回事。

④左上角的私信区会提示有来自 Midjourney 的私信。单击有私信提示的图标。

⑤打开邮件后可以看到这个作品的提示词、Job ID，以及 seed 值。复制 ID 编码。

⑥回到自己的频道中，输入 /show 指令，粘贴 ID 编码，按回车键，就可以展示出这个作品了。

/prefer remix：打开或关闭混音模式

/prefer remix 指令用于打开或关闭混音模式，即 Remix 模式。你还可以使用 /settings 指令打开或关闭 Remix 模式。启用 Remix 模式后，可以更改图片风格、模型版本等信息。也就是说，Remix 模式将采用你选择的起始图像的构图与元素，在此基础上生成新作品。使用 Remix 更改纵横比会拉伸图像，它不会扩展画布、添加缺失的细节或修复不良裁剪。

Remix 更改图像下的 V1、V2、V3、V4 按钮的行为。通常情况下，V 按钮被单击后是蓝色的，而在使用 Remix 模式时，V 按钮被单击后是绿色的。

当你通过 U1、U2、U3 或 U4 按钮放大一张图片后，下方会显示 Make Variations 按钮，单击此按钮也可以进行混音。

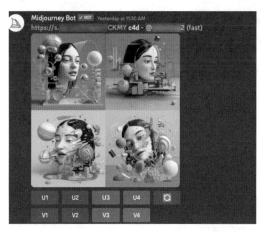

任选一张正在制作的图，开始尝试使用混音模式。蓝色的 V3 按钮是未启用 Remix 模式时被点亮的样子。V4 按钮在 Remix 模式开启状态下，单击后会变为绿色。

不使用混音模式，单击 U4 按钮可以得到这样的放大效果。

不使用混音模式，单击 V4 按钮，得到的作品仍然是 C4D 风格。

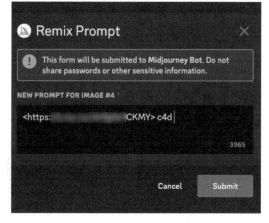

打开 Remix 模式，单击 V4 按钮会弹出修改窗口，此时你可以修改内容，之后会在图 4 的基础上产生变体。

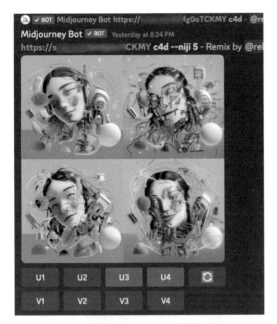

在前面的 C4D 风格图片的基础上添加后缀 --niji 5。因为只修改了模型版本，所以画面中人物面部开始向卡通方向发展。

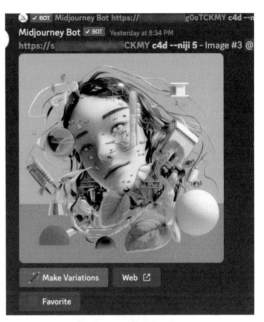

单击 U3 按钮，放大第 3 张图像。图像下方会出现 Make Variations 按钮，单击它（因为是混音模式，按钮变成绿色），可修改提示词的内容。

在弹出的修改窗口中加入一段提示词：The girl's face is complete and increasingly beautiful, cute, sincere, and natural in expression. The flying objects are distributed more naturally and the picture is complete. The colors are brilliant.（女孩的脸很完整，越来越漂亮，可爱，真诚，表情自然。飞行物体的分布更加自然，画面更加完整。颜色很鲜艳。）。编辑好后提交。

生成的图片非常有趣，我们获得了一个与前面的图完全不同的作品。

混音模式非常强大，它可以中途修改很多次提示词，让图片不断调整方向。也可以多次混音却不更改提示词，让画面朝一个方向发展。看看下一个案例吧，它将让你更了解混音的好处。

运用 Remix 模式进行形态变化的高级技巧

　　混音模式并不总能那么快速地获得结果，需要有耐心。有时更改效果不好，我们可能就会对这个功能失去信心，但其实这个功能可以一点点帮助我们实现形态变化。接下来我们要改变一张线条感黑白南瓜堆图片，再通过后一个案例感受创作中的变化。

line-art stack of pumpkins

线条艺术的南瓜堆

①使用提示词 line-art stack of pumpkins（线条艺术的南瓜堆），选出一张，使用 U 按钮放大。

②如果只添加后缀 --niji 5，画面就会呈现出卡通效果，这种效果很容易实现。但如果我们希望整个画面的结构不变，而南瓜变成一堆可爱的猫头鹰呢？

pile of cartoon owls

一堆卡通的猫头鹰

③先测试一下，如果直接使用提示词 pile of cartoon owls（一堆卡通的猫头鹰）来生成图片，结果会是这样的。

④在步骤①的基础上修改提示词为 pile of cartoon owls，就会生成构图与原图完全一致的一堆可爱的猫头鹰图片了。

vibrant illustrated stack of fruit

色彩鲜艳的水果堆插画

⑤这是使用提示词 vibrant illustrated stack of fruit （色彩鲜艳的水果堆插画）生成的图片。

⑥在步骤①的基础上使用 vibrant illustrated stack of fruit 进行替换，只能生成这样的图片，这意味着使用混音模式失败吗？答案是否定的，因为这个过程还没有结束。我们需要选一张最接近理想效果的图放大，比如单击 U1 按钮放大左上角这一张。

⑦放大后，下方出现 Make Variations 按钮，单击它。不改变提示词，再次用vibrant illustrated stack of fruit调整图片。

⑧选一张接近理想效果的图放大，再次重复步骤⑦的操作。

⑨这次终于生成了颜色饱满、生动的水果堆图片。由此可以看出，混音模式可以让我们一步步靠近理想的效果。

⑩这次我们打算生成一堆漂亮的红灯笼，在步骤①的基础上修改提示词为 very beautiful stack of red lantern，刚开始效果是很糟糕的，此时不要放弃，多次使用 Make Variations 按钮进行修改，才能渐渐呈现出红灯笼的样子。但此时的灯笼很像木桶，看起来很粗糙。

very beautiful stack of red lantern
--v5.1

一堆非常漂亮的红灯笼

very beautiful stack of red lantern
--niji 5 --style scenic

一堆非常漂亮的红灯笼

⑪为了进一步了解 Midjourney 是怎么理解 very beautiful stack of red lantern --v 5.1 的，使用 /imagine 指令生成了一张描绘塔与灯笼的木质感强烈的图。

⑫其他提示词不变，将后缀改成 --niji 5 --style scenic，可以看到这次的灯笼比较接近我们想要的效果，于是重新进行混音，这次要换成新后缀。

⑬经过几次重复混音，就可以生成合适的红灯笼图片了。

⑭在步骤⑬的基础上继续重复混音就会出现极红的灯笼。你可以自己决定要停在哪一步，这就是混音模式的好处。学会使用这种方法以后，你就可以生成各种风格的红灯笼了。

下面再讲解一个用混音模式的案例。

geometric shapes, block elements, and constructivist design techniques to represent traditional Chinese elements, with simple lines and minimalism, featuring traditional Chinese architecture and Suzhou gardens, China Daily style, vector illustration of Chinese terraced tea mountain scenery, neatly arranged tea trees, bamboo forests, stone paths, flowing water, rocks, ponds, small bridges, flowing water and homes, clouds and mist, abstract art, scenery, spring, vacation, leaving enough white space, keeping the interface simple and intuitive, High resolution, details --v 5.1

几何形状，块元素，用建构主义的设计手法来表现中国传统元素，用简单的线条和极简主义，以中国传统建筑和苏州园林为特色，中国日报风格，中国梯田茶山风景的矢量插图，排列整齐的茶树、竹林、石路、流水、岩石、池塘、小桥、流水和家、云雾、抽象艺术、风景、春天、假期，留下足够的空白，保持界面简单直观，高分辨率，细节

对于一张生成好的以苏州园林、中国风为主题的极简作品，我们完全可以多次使用混音模式将其中的主要元素改成食物或其他物体。例如，选择生成好的图片，删除所有原始提示词，改为 food --v 5.1 并提交。

在生成的图片中找到食物在画面中显得最突出的图片,在此基础上,继续使用混音模式和提示词 food 生成图片。

此时,画面中大多数物品都变成了食物,但构图与大致造型并没有变化。

使用混音模式可以把苏州园林直接变成自行车(提示词用 bicycle)。可以设置复杂的提示词,但如何得到满意的结果就需要进一步探索了。

::: 多文本分割及权重设置

:: 作为分割符可以将文本分离,让 Midjourney Bot 单独考虑每个文本。分割文本的好处是可以为其设置权重。

这个分割符号主要针对单词连在一起是一个意思,单词断开是另外一个意思的情况。如果提示词是由很长的句子组成的,中间已经使用了逗号,那么即使给每个句子做这样的权重安排,也起不到实际的作用。未来 Midjourney 是否支持给长句子设置权重不得而知。在中文语境中依旧有这种情况,比如插画设计是一个意思,插画与设计是另外一个意思。分割符就起到了明确表达这些信息的作用。

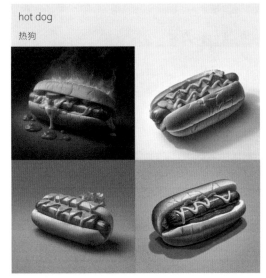

热狗被认为是一个整体。

Hot 和 dog 被认为是两个独立的意思。不同的模型对提示词的理解不完全相同,v5.1 版本的效果就是这样的。

当使用分割符 :: 将提示分成不同的部分时，可以在其后添加一个数字，以明确该部分的相对重要性。

默认权重为 1。不建议设置非常大的数字，0.5 、1、1.5、2 等就足够表示清楚权重关系了。

你可以用 –0.5 表示不需要某个元素。这和后缀 ––no 的作用类似。所有权重的总和必须是正数。

vibrant tulip fields
生机勃勃的郁金香田

生成了一系列彩色郁金香图。

vibrant tulip fields:: red::–.5
生机勃勃的郁金香田，减少红色

郁金香田中不太可能出现红色。

cake cup illustration
蛋糕杯插画，即杯装蛋糕的插画

以小杯蛋糕为核心概念的整体插画。

cake:: cup illustration
蛋糕和有关杯子的插画

蛋糕与杯子被拆开了，形成两个东西嵌套的效果。

cake:: cup:: illustration

蛋糕和杯子和插画

插画概念被拆出来单独诠释，画面变得非常夸张。

cake:: cup::2 illustration

蛋糕、杯子、插画（杯子的权重是蛋糕的两倍，也是插画的两倍）

杯子的效果被强化了，蛋糕几乎看不到了。

cake::2 cup:: illustration

蛋糕、杯子、插画（蛋糕的权重是杯子的两倍，也是插画的两倍）

设置了权重后，3 个提示词中的蛋糕被强化了。画面中蛋糕的内容更明确，杯子几乎看不到了。

cake:: cup:: illustration::2

蛋糕、杯子、插画（插画的权重是蛋糕的两倍，也是杯子的两倍）

插画的效果被强化了，画面更加天马行空。

{ }：批量创建提示词

{} 对应的功能叫排列提示，这个功能支持使用单个命令实现多项目执行，可填写主体、版本、风格和尺寸等变量。排列提示仅适用于快速模式。输入提示词并按回车键后会显示提示信息，让使用者确认是否执行，确认后会直接执行列出的多项作业。

使用多个主体

Retro {camera, television, tape player} made of traditional Chinese dragon patterns, peonies, peacocks, birds, and other porcelain, with bright colors

使用中国传统龙纹、牡丹、孔雀、鸟儿等瓷器制造的复古{相机/电视机/磁带播放器}，颜色鲜艳

复古电视机　　　　　　　　复古相机　　　　　　　　复古播放器

输入提示词并确认后，自动生成 3 张主体不同的图片，减少重复操作。

使用多个版本

birds in the room --{v 5.1, niji 5, test}

鸟儿在房间里{v5.1版本/Niji5版本/test版本}

v5.1 版本　　　　　　　　Niji 5 版本　　　　　　　　test 版本

使用多个版本时一定要注意在 "--" 符号后面使用 { } 符号，如 --{v 4, niji 5}。

使用多种尺寸

photo of a futuristic storage shelf for kids, makes toy rotation and storage simple in a modern, 100% reusable design, to Display the optimal number of playthings at a time for deeper learning for kids, fun colorful summer brand called "LU", inspired by cotton Candy textures and bubble gum colors with neon bioluminescence details, brand purpose is didactic Montessori and Bauhaus design, in a lavender or pink scenery full of stuffed colorful toys, brand Logo is a smiling rainbow

一张面向儿童的未来主义储物架的照片，以现代、100%可重复使用的设计使玩具的旋转和存储变得简单。一次展示最佳数量的玩具，以进行更深层次的学习。这是一个名为"LU"的儿童趣味多彩夏季品牌，灵感来自棉花糖纹理和带有霓虹灯生物发光细节的泡泡糖颜色。品牌目的是蒙台梭利教育法和包豪斯设计，在淡紫色或粉红色的风景中，到处是填充的五颜六色的玩具，品牌标志是一道微笑的彩虹

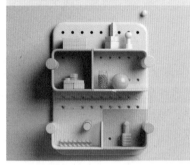

--ar 1 : 1

--ar 2 : 1

提示词末尾加入 --ar {2:1,1:1,3:1}，可用于同时生成 3 张不同尺寸的图片。注意在 --ar 后面要有一个空格。

--ar 3 : 1

多组括号

使用提示词 a {red, green} bird in the {room, desert} 可创建以下关于红、绿、鸟、房间、沙漠的 4个作业。

① a red bird in the room。② a red bird in the desert。③ a green bird in the room。④ a green bird in the desert。

嵌套括号

使用提示词 A {black,white} {cat{on a table, on a beach}, dog {on a sofa, in a truck}} 可创建以下关于黑、白、猫、桌子、沙滩、狗、沙发、卡车的 8 个作业。

① A black cat on a table。② A black cat on a beach。③ A white cat on a table。④ A white cat on a beach。⑤ A black dog on a sofa。⑥ A black dog in a truck。⑦ A white dog on a sofa。⑧ A white dog in a truck。

\ 反斜杠的用法

如果你想在 {} 括号内使用逗号来帮助描述信息，那么就需要在逗号前面加一个反斜杠 "\"。

使用提示词 {red, pastel\, yellow} bird 只创建关于红、淡黄、鸟的两个作业。

① a red bird。② a pastel, yellow bird。

第 11 ~16 小时
掌握后缀

常用后缀汇总

--ar/--aspect：设置长宽比

--c/--chaos：多样性

--no：删除元素

--q/--quality：画面质量

--r/--repeat：重复作业

--stop：作业停止

--s/--stylize：风格化

--tile：制作无缝拼贴单位

--seed：运用种子值保持图片一致性

运用--seed修改画面细节

--iw：设置图片提示的权重

文本提示与图片提示结合运用的高级技巧

有多张图片提示时，增加单张图片提示权重的技巧

A funny looking Rabbit, in the style of 3d abstract sculpture, Basquiat, Picasso, Miro, Kandinsky, Klee, Birell, Fairey, Ardon, Buffet

一只滑稽的兔子，以3D抽象雕塑的风格，巴斯奎特，毕加索，米罗，康定斯基，克利，比雷尔，费尔雷，阿尔顿，比费

常用后缀汇总

接下来探讨的是在使用 /imagine 时，提示词中可以设置的后缀。

如前面所说，由于 Midjourney 的更新方式便捷与更新节奏快，因而后缀也不是一成不变的，例如，原本的 --h 与 --w 已弃用，替换为 --aspect。

程序的更新与修正会持续进行，常用后缀基本是稳定的，无须担心。我们也可以通过学习这些后缀的用法，在使用后续新推出的功能时举一反三。

例如，如果你预设了 v5.1 模型，不论你编写什么提示词，提交后都会自动出现 -- v 5.1。假设你手动编写了 --v 3，机器人不会将其理解为使用 v3 模型，而会继续使用 v5.1 模型。如果想用 v3 模型就需要使用更改预设模型的方式来操作。但如果添加 --test，即使用正在开发的测试、实验性模型，那么它可以超越预设模型，被优先使用，这些内容等待着你去探索。

后缀	功能说明	扩展
--aspect --ar	图像的长宽比，默认长宽比是 1：1。 示范：--ar 16:9。 示范：--aspect 3:4	"--ar/--aspect：设置长宽比"中有详细介绍
--chaos --c	改变结果的多样性（随机性），默认值是 0。取值范围是 0 ~ 100。数值越高，随机性越强。 示范：--c 50。 示范：--chaos 12	"--c/--chaos：多样性"中有详细介绍
--no	避免图片中出现某种内容。 示范：--no plants（避免图片中出现植物）	"--no：删除元素"中有详细介绍
--quality --q	设置图片的质量，默认为 1。可用数值：0.25、0.5、1。质量更高的图片会消耗更多渲染时间，值越高时间成本就越高。 示范：--q 1。 示范：--quality 0.25	"--q/--quality：画面质量"中有详细介绍
--repeat --r	重复创建多个作业（作业就是让机器人进行的制图工作，包括放大图片、产生变体等内容）。 示范：--r 10（相当于一次性提交 10 个重复操作）。 示范：--repeat 4	"--r/--repeat：重复作业"中有详细介绍
--seed --sameseed	使用种子值（每个作品都可以生成一个种子值）和相同或相似的提示词生成相似的结果。取值范围是 0 ~ 4294967295。 示范：--seed 12345。 示范：--sameseed 4495	"--seed：运用种子值保持图片一致性"中有详细介绍

后缀	功能说明	扩展
--stop	暂停正在进行中的作业。取值范围是 10 ～ 100。 默认数值为 100。 示范：--stop 90	"--stop：作业停止"中有详细介绍
--stylize --s	影响 Midjourney 的默认美学风格应用于制图的强度。 默认数值为 100，使用模型 v5.1 时取值范围为 0 ～ 1000。 低数值生成的图像与提示词非常匹配，但艺术性较弱。高数值生成的图像的艺术性较强，但与提示词的联系较少。 示范：--s 400	"--s/--stylize：风格化"中有详细介绍
--tile	生成重复拼贴的图像，如纹理、壁纸等无缝图案	"--tile：制作无缝拼贴单位"中有详细介绍
--hd	早期的模型用此后缀来生成更清晰的图像，使用 v5 以上版本生成的图本身就非常清晰，但你也可以用此后缀来满足自己的高要求。它更适合用于抽象和风景图像	
--iw	设置图片提示的权重。默认值为 0.25。可用范围是 0.25 ～ 2。	"--iw：设置图片提示的权重"中有详细介绍
--version --v	现在已经有 v1、v2、v3、v4、v5、v5.1 这些版本	
-- niji	卡通、漫画风格的模型，版本 5 是常用版本。示范：--niji 5	
--style	有的模型本身就具备多种风格，每个风格类后缀仅限对应模型可用。 v5.1 除了默认模型外，可切换 --style raw。 v4 除了默认模型外，有 --style 4a、--style 4b、--style 4c 可切换。 Niji 5 除了默认模型外，有 --style cute、--style expressive、--style scenic、--style original 可切换。 示范：--niji5 --style cute	
-- test -- testp	test 和 testp 两个都是实验性的模型，使用它们可能会得到意想不到的结果。testp 是以摄影为重点的测试模型	
--creative	修改 test 和 testp 模型，为了使结果更加多样和更具创造性	

--ar /--aspect: 设置长宽比

v5.1 默认的图像长宽比为 1∶1。可以使用 --aspect 或 --ar 更改默认作品的长宽比。使用时用冒号分隔两个数字，如 7∶4 或 4∶3。设置长宽比必须使用整数，如使用 139:100 而不是 1.39:1。放大时，某些长宽比可能会略有变化。

不同模型版本对应不同的长宽比范围

模型版本	v5	v4 4c	v4 4a / 4b	test/testp	Niji
长宽比范围	任意比	1∶2~2∶1	1∶1、2∶3 或 3∶2	3∶2~2∶3	1∶2~2∶1

此表表示使用不同模型时 --ar 可以设置的长宽比的范围。但是，在图像生成或放大的过程中，最终输出的结果可能会略有改变。

尽管 v5 以上版本可以接受任何长宽比，但是大于 2∶1 的长宽比是实验性的，可能会产生不可预测的结果。

长宽比影响生成图像的形状和构图方式

这组作品是由两张图片合成而来的，可查阅 /blend 指令了解合成的相关功能

用同样的指令生成了一个长宽比为 1∶3 的作品和一个长宽比为 3∶1 的作品。这并不是截图就能够形成的效果，而是 Midjourney Bot 根据长宽比的特殊性，结合构图生成了符合需求的画面效果，视觉重心把握得非常好。只是比例过于特殊时，图片很可能会出现黑边，需要裁剪。如果出现物体变形的情况，就只能废弃。

常用的长宽比

1：1为默认长宽比。5：4是常见的框架和打印的长宽比。3：2或2：3是印刷和摄影中常见的长宽比。7：4是接近高清电视屏幕和智能手机屏幕的长宽比。上面是几种长宽比的示例。

--c /--chaos：多样性

chaos 直译是混乱的意思，值越大，作品越多样。这个后缀影响最初生成图片时的效果。较小的 --chaos 值可以产生更可靠、可重复（更一致）的结果。较大的 --chaos 值将产生更多不寻常和意想不到的结果，但结果不稳定。默认值为0，取值范围是 0 ~ 100。

Strawberry bird hybrid
草莓与鸟的混合体

--c 0   --c 50   --c 100

用同样的提示词，以不同的 --chaos 值生成了3组图像。使用较大或较小的 --chaos 值都可以产生好的作品，但是较大的 --chaos 值更稳定，较小的 --chaos 值更具跳跃性。

glasses bird
眼镜鸟

--c 0

--c 50

--c 100

用同样的提示词和不同的 --chaos 值生成图像，较小的 --chaos 值生成的图片的一致性非常高，但较大的 --chaos 值生成的图像能展现出更多创意。

Lacquerware Girl
漆器女孩

--c 0

--c 50

--c 100

用同样的提示词和不同的 --chaos 值生成图像。

漆器是经过木材加工、雕刻、刷漆制成的，以黑色、红色为主。我们的目的是让女孩以漆器的形式出现，较大或较小的 --chaos 值都可以生成不错的图像。只不过，使用较小的值时，女孩的形象更完整。

Cactus and butterfly
仙人掌与蝴蝶

以提示词"仙人掌与蝴蝶"来进行制图，用较小的 --chaos 值生成的图像就显得比较呆板。换成较大的 --chaos 值后，效果虽然不是很稳定，但图片有了更多可能性，构图更有张力，画面更生动。

--c 0

--c 100

--no：删除元素

编写提示词时要以"什么是我们需要的"为重点。当结果已经十分接近的时候，再考虑不要什么元素，并使用后缀 --no 来移除对象。

high contrast surreal collage --v 5.1

高对比度超现实拼贴画

high contrast surreal collage --no girls --v 5.1

高对比度超现实拼贴画，没有女孩

使用 v5.1 模型绘制的高对比度超现实主义拼贴画，效果很不错，但女性元素不是我们需要的，可以试试在提示词末尾加入 --no girls。

这次生成的图片里没有女孩了，但是月亮元素使用得太多了，在提示词末尾增加 --no moon。

high contrast surreal collage --no girls --no moon --v 5.1

高对比度超现实拼贴画，没有女孩，没有月亮

high contrast surreal collage --no girls --no moon --v 5.1 --style raw

高对比度超现实拼贴画，没有女孩，没有月亮，常规原始模式

生成的图片中既没有女孩也没有月亮，但 v5.1 版本的风格太明显了，我们试试让它更贴近照片的效果。

在提示词末尾加入 --style raw。这次生成的拼贴元素很真实，对比更强烈，符合用照片来拼贴的效果。

--q / --quality：画面质量

高质量的图片将产生更多的画面细节，图片质量的设置不影响图片的分辨率，我们要区分开这两点。提高画面质量需要花费更多的运算时间，也就是在消耗我们购买的快速模式的时间。

常用的模型 v4、v5、Niji 支持 --quality 设置为 0.25、0.5、1，默认值为 1。设置较大的 --quality 数值不一定好，有时较小的值可以产生更好的结果，这取决于我们到底要创建怎样的图像。较小的 --quality 值可能最适合抽象的外观。较大的 --quality 值可以改善图像的外观，可以为它们添加更具体的细节。

特别说明，v5.1 模型设置了 --quality 值之后的变化并不大，但在 v5 模型中使用的效果就比较明显。

模型 v5 图片质量值对比

peony woodcut black and white --v 5

牡丹花，木雕风格，黑白搭配

--q .25   --q .5   --q 1

用 v5.1 时，使用同样的指令生成不同 --quality 值的图片，图片没有太大的差别，但若用 v5 模型，生成的图片就会有明显的差异。值为 0.25 的时候图片显得比较粗糙，值为 1 时图片更加饱满、细腻、美观。

--r / --repeat：重复作业

单击作业结果上的重做按钮，每次单击只会重做一次。--repeat / --r 可以一次性预定运行多个作业，非常适合与较大的 --chaos 值一起使用，以加快探索创意的速度。

这个后缀只能在快速模式下使用。如果你是中级订阅者，可以填写的最大数值为 3，如果你是高级订阅者，可以填写的最大数值为 12。

--stop: 作业停止

使用 --stop 可以在流程中途停止作业。以较小的百分比停止作业会产生很模糊、很不详细的结果，当你需要生成模糊的画面时，--stop 80 是一个不错的选择。你还可以使用这个功能查看当前制图效果是否符合自己的要求，减少使用快速模式的时间。对于使用了 --stop 的四联图片，单击 U 按钮可直接放大不清晰的图。用 V 按钮会使 --stop 不起作用，图片会达到进度为 100% 的效果。

--stop 默认值为 100，取值范围是 10 ~ 100。

PARTY: staring up into the infinite maelstrom library, endless books, flying books, spiral staircases, nebula, ominous, cinematic atmosphere, negative dark mode, mc escher, art by senseijaye, matrix atmosphere, digital code swirling, matte painting --v 5.1

派对：凝视着无限的漩涡图书馆，无尽的书籍，飞行的书籍，螺旋楼梯，星云，不祥的，电影氛围，负黑暗模式，毛里茨·科内利斯·埃舍尔，senseijaye的艺术，矩阵氛围，数字代码漩涡，哑光绘画

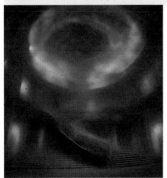  

--stop 50   --stop 80   --stop 100

使用了这个后缀，制图会停在相应阶段。注意，这是 3 次运行指令，分别设置停止到某个阶段而生成的结果。

--s / --stylize: 风格化

Midjourney 的默认美学风格应用于制图的强度取决于 --stylize /--s 的数值大小。数值越小，生成的图像与提示越匹配，但艺术性越差。数值越大，生成的图像越有艺术性，但与提示词的联系越少。

不同模型版本具有不同的风格化范围

	v5	v4	test/testp	Niji
默认值	100	100	2500	
取值范围	0 ~ 1000	0 ~ 1000	1250 ~ 5000	

colorful risograph of a red-crowned crane

颜色丰富的Riso印刷风格丹顶鹤

--s 0

--s 50

--s 100

--s 250

--s 750

--s 1000

这组作品的变化趋势是数值越大，Riso印刷感觉越弱，丹顶鹤越趋向真实；数值越小，画面越简单，越接近提示词。这组作品中，风格化参数值最小的这张非常精致，符合极简的风格。

traditional Chinese beautiful girl in floral dress by jacob wu, in the style of realistic hyper-detailed rendering, cristina mcallister, helene knoop, close- up, symmetry, caras ionut, culturally diverse elements --v 5.1

中国传统女性穿着雅各布·吴设计的碎花连衣裙，以逼真的超细节渲染风格，克里斯蒂娜·麦卡利斯特、海伦妮·克诺普、特写、对称、卡拉斯·约努茨、文化多样性元素

--s 0

--s 100

--s 1000

这组作品中，风格化参数值越大，画面越复杂、饱满，元素越多。在制图时应根据创作意图设置风格化参数值，参数值越大效果不一定越好。

--tile：制作无缝拼贴单位

　　--tile 用于生成可用作重复拼贴的图像，以创建纺织品、壁纸和纹理的无缝图案。

　　--tile 适用于 v1、v2、v3、v5、v5.1 版本。只需要生成一个无缝拼贴单位，就可以使用 Illustrator 或 Photoshop 将其组合成图案。这个工具不适合搭配过于复杂的提示词，如果将其用于花卉、动物、房子、水果和卡通人物等主题，能够呈现出特别好的效果。

tropical fish, bright --tile
热带鱼、明亮色

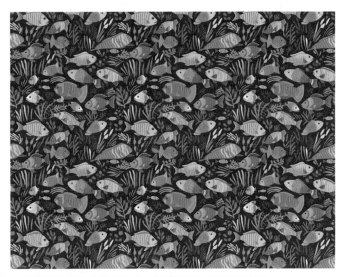

使用提示词生成了热带鱼图案的拼贴单位，几块这样的拼贴单位摆放在一起就可以生成无缝图案了。

colorful risograph of peony --s 0
--tile
彩色的Riso印刷牡丹花

可以使用Illustrator或Photoshop将生成的牡丹花拼贴单位做成无缝图案，用于包装材料或纺织品都是没有问题的。

--seed：运用种子值保持图片一致性

Midjourney Bot 使用种子值创建视觉图片。种子值是为每个图片随机生成的，它不是静态的，可以使用 --seed 或 --sameseed 指定种子值。使用相同的种子值和提示词将产生相似的图片。四联图片的 4 张图种子值相同。

在不同的模型版本中，--seed 的功能略有不同。在 v1、v2、v3 和 test 中，使用相同种子值时，生成图片的构图、颜色和细节相似；在 v4、v5 和 Niji 中，使用相同种子值时，生成的图片几乎相同。

获得种子值的方法请查看 /show 指令相关内容，其中有详细讲解。

使用随机种子运行 3 次（不设置种子值）

Crystal Owl

水晶的猫头鹰

不设置种子值，每次刷新都显示出不同的结果。

使用一样的种子运行 2 次（设置种子值为 111）

Crystal Owl --seed 111

水晶的猫头鹰

如果设置了种子值，不改变文本提示、图片提示，那么每次刷新后都会得到相似的结果。

> 若希望通过设置种子值来控制画面的一致性，可以稍稍改动提示词中的部分内容，但如果改动太多，通过设置种子值也很难让画面一致。

运用 --seed 修改画面细节

　　使用 --seed 是可以修改细节的，但是有两个条件：一个是获得种子值，注意这是指四联图片的种子值，不存在单幅作品的种子值；另一个是提示词改动的内容一定要少。

A girl in a yellow shirt, age 8, Asian face, chest shot, portrait --niji 5 --style expressive

穿着黄色衬衣的8岁亚洲女孩，大头照，人物肖像

我们要先生成一个满意的图，再去思考使用 --seed 修改部分内容，如气氛、主形象和风格等。通过邮件获得图片的种子值（假设为 111）。

A girl in a red shirt, age 18, Asian face, chest shot, portrait --niji 5 --style expressive --seed 111

穿着黄色衬衣的18岁亚洲女孩，大头照，人物肖像

改动的内容最好不涉及构图，否则图片很难保持一致。在改动这组卡通风格的图片时，把年龄改成 18 岁，后面加上种子值，获得了小女孩长大后的图片。

A girl in a red shirt, age 8, Asian face, chest shot, portrait --niji 5 --style expressive --seed 111

穿着红色衬衣的8岁亚洲女孩，大头照，人物肖像

更换了衬衣的颜色，画面的一致性保持得非常好。

A girl in a red shirt, age 8, Asian face, chest shot, wear glasses, portrait --niji 5 --style expressive --seed 111

穿着红色衬衣的8岁亚洲女孩，大头照，戴眼镜，人物肖像

在更换衬衣颜色的基础上给小女孩戴一副眼镜，没有改变构图，仅仅是增加了一个小细节，画面的相似度很高。

A girl in a yellow shirt, age 8, Asian face, chest shot, There are bows on the hair, portrait --niji 5 --style expressive --seed 111

穿着黄色衬衣的8岁亚洲女孩，大头照，带着蝴蝶结，人物肖像

给小女孩戴上一个蝴蝶结，这样画面的结构就发生了一定的变化，一致性就降低了。

A girl in a red shirt, age 8, Asian face, chest shot, Holding a pen, portrait --niji 5 --style expressive --seed 111

穿着红色衬衣的8岁亚洲女孩，大头照，拿着一支笔，人物肖像

让女孩拿一支笔。图片的一致性保持得很好。

A girl in a red shirt, age 8, Asian face, Top view, Holding a pen, portrait --niji 5 --style expressive --seed 111

穿着红色衬衣的8岁亚洲女孩，顶视图，拿着一支笔，标准像

改成俯视图（Niji5 模型本身的俯视图效果不是很明显），由于构图没有太多改变，因此画面的一致性较高。

A girl in a red shirt, age 8, Asian face, Full Length Shot（FLS）, Holding a pen, portrait --niji 5 --style expressive --seed 111

穿着红色衬衣的8岁亚洲女孩，人物肖像，拿着一支笔，标准像

但如果改成全身像，就无法再保持一致性了。如果只是改动表情、颜色、细节，使用--seed 是有微调优势的。但是如果构图发生变化，改动过大，使用--seed 也没有什么优势。

--iw：设置图片提示的权重

　　--iw 用于设置图片提示的权重。较高的 --iw 值意味着作品更接近图片提示。支持设置 --iw 值的版本为 v5、v5.1、Niji 5，取值范围为 0.5 ~ 2，默认值为 1。

　　下面展示了以彩色花朵图为图片提示，将其分别与 fish（鱼）、high mountains and great rivers（高山河流）结合使用，并设置不同权重得到的结果。

图片提示

fish --iw .5

fish --iw 1

fish --iw 1.5

fish --iw 2

high mountains and great rivers
--iw .5

high mountains and great rivers
--iw 1

high mountains and great rivers
--iw 1.5

high mountains and great rivers
--iw 2

观察这组图片可以发现，图片提示的权重不同，生成的图片明显不同，值越大，图片越贴近图片提示。这组图中，鱼儿与花朵属于形态融合，鱼鳞和鱼鳍逐渐变成花瓣；山川河流与花朵的融合中，主要是面积比上发生了变化（花朵的面积越来越大）。这两种融合方式是随机的吗？

其实这与 Midjourney Bot 如何理解文本提示有很大的关系。如果我们的文本提示是"像花一样的高山，植物一样的河流"，再用图片提示引导一下，就能促进二者在造型上融合。如果我们不希望花儿与鱼的造型融合，就要给出更清晰的文本提示。例如，浴缸中有一条鱼，水很清澈，没有植物，浴缸外部有一些花朵。以这样的思路就可以更好地控制文本提示与图片提示的关系与融合方式了。

文本提示与图片提示结合运用的高级技巧

有了一些经验之后，建议细细感受图片提示与文本提示之间的关联性，你可以先测试文本提示能够将你的作图目标完成到什么程度，进行不下去时，再加入图片提示，随后根据二者之间的情况调整。

In the style of China Daily, this modern and fashionable cover illustration showcases traditional Chinese architecture and Suzhou gardens, as well as the iconic landmarks and traditional symbols of Chinese gardens. The illustrations feature bright colors and geometric composition, blending elements of Bauhaus, constructivism, and minimalism, as well as popular styles. Adequate white space, concise and intuitive interface, high resolution, and rich details

这幅现代时尚的封面插图以《中国日报》的风格展示了中国传统建筑和苏州园林，以及中国园林的标志性地标和传统象征。插图以明亮的色彩和几何构图为特色，融合了包豪斯、建构主义、极简主义和流行风格的元素。充足的白色空间，简洁直观的界面，高分辨率，丰富的细节

图片提示 1

①通过单一的文本提示，只能得到这样的结果，这样画面并没有强烈的独特风格，并不是很理想。

图片提示 2

②文本提示不变的情况下，加入图片提示 1 和图片提示 2，画面的颜色变得更深沉了，色彩层次拉开以后，画面显得更有穿透力。两侧出现黑边是由于图片提示都是长方形的。作品中，建筑和植物变得更美丽，出现了占面积很小的女性人物。这不是我们的终极目标，因此我们要继续探索。

图片提示 3

③文本提示不变的情况下，添加后缀 --iw 2。按理说，图片应有明显变化，但对比发现，图片变化很小。这说明文本提示的制约力度比较大，可以给文本提示"减减肥"。也就是说，既然要加入图片提示，部分风格相关词和约束主体的词完全可以删除。

图片提示 4

bold colors, flat illustration, geometric shapes, minimalism, vector illustration

夸张的色彩，平面插图，几何形状，极简主义，矢量插图

④修改文本提示，同时加入了图片提示 3、图片提示 4。画面效果是有变化的，画面中的几何形状很明显，细节变少了。接下来要丰富图片的细节。

⑤加入一个重要的提示词：double exposure。它的意思是双重曝光，它会增加渐变、叠加效果。图中出现了重叠的楼宇。加入后缀 --iw 2。女子一下子高大起来，画面变得富有张力而唯美。

constructivism, minimalism, vector illustration, double exposure, flat illustration --iw 2 --q 1 --s 0

建构主义，极简主义，矢量插图，双重曝光，平面插图

⑥为了让风格更稳定，增加后缀 --s 0，再增加一个非常重要的词——constructivism（建构主义），删掉提示词 bold colors 和 geometric shapes，将 flat 换成 vector（矢量），可以看到画面更接近图片提示了。

⑦经过几轮调整，获得了最终的图片。如果不满意，可以在这一环节继续调整画面细节。如果对效果比较满意，还可以通过替换图片提示获得更多精彩的作品。

⑧这3张都是通过更换图片提示得到的不同结果，文本提示并未更改，图片提示需要包含主体形象和建筑环境两类图片信息。因为设置了后级 --iw 2，所以图片提示不同，生成的图片会有很大不同，但是总体来看图片是同一种风格，这是由文本提示决定的画面逻辑。这组作品主要是建构主义与双重曝光的叠加结果，如果还是使用步骤①的提示词，是无法通过替换图片提示轻松得到这些画面的。把文本提示与图片提示的价值了解清楚，才能理解这样的创作逻辑。

有多张图片提示时，增加单张图片提示权重的技巧

假设我们有 2 张图可当作图片提示，设置 --iw 2 的时候，实际上是加重了 2 张图的比例。那么怎么增加单张图片提示的权重呢？

提示词很简单，即 Portrait of a girl --iw 2，意思是一个女孩的肖像。如果上传几张一样的图片提示，Midjourney 会拒绝操作。为了让画面更接近图片提示2，我们要先用 Photoshop 稍微改动一些内容，生成图片提示3和图片提示4。

图片提示 1、图片提示 2 参与图片
生成的结果

图片提示 1、图片提示 2、图片提
示 3 参与图片生成的结果

图片提示 1、图片提示 2、图片提示
3、图片提示 4 参与图片生成的结果

这样操作相当于让图片提示 2 的权重变为图片提示 1 的 3 倍。可以看到，画面越来越接近图片提示 2。用这个方
法可以巧妙地控制图片权重。

第 17 ~ 20 小时
探索艺术形式与风格

a room shot, a man with rabbit, Marie Laurencin, Hsiao Ron Cheng, Purple and Yellow, high angle view --v 5.1

室内摄影，一个带兔子的男人，玛丽·洛朗森，郑晓嵘，紫色和黄色，高角度视角

接下来的内容重点在于探索艺术相关的提示词，这里先进行一个说明。

后续内容涉及艺术相关的数百个关键用词。为了便于查阅，这些关键用词大致分为艺术形式与风格，镜头、视角与构图，光影效果、渲染效果、色调和情绪，材质、纹理和画面质量等四部分。每一部分也做了分类，但是由于信息量较大，因此分类无法做到十分严谨。Midjourney 的逻辑与过去我们对艺术领域的理解不完全相同。例如，摄影的技术（如 double exposure，双重曝光）也可以用于平面设计，建筑的概念也可以用于插画，因此任何能够被 Midjourney 识别的艺术形态都可以混用，这非常有趣。还有一些词尽管不属于艺术形式与风格，如 detailed（精细的），但会让画面更精致，细节更丰富。由于 Midjourney 会为此生成特定的画面，因此我们要将其归纳为艺术形式与风格。

中国艺术史上有很多重要的阶段和艺术风格，然而，如果 Midjourney 没有训练过它们，我们就无法使用。在使用一些你认为会对风格起到重要作用的提示词之前，可以先探索一下。尽量让自己使用的提示词能对画面切实起到作用。久而久之，你会更了解 Midjourney，能更好地给出提示词，生成满意的图像。

你要注意主体与风格之间的描述方式，如 birdcage by shadow puppetry（一个皮影戏风格的鸟笼）、shadow puppetry made by birdcage（使用鸟笼制作的皮影戏）与 birdcage, shadow puppetry（鸟笼、皮影戏）这三者产生的画面是不同的，最后一项的结果更随机。建议描述得准确一些，但也不代表需要用很多复杂的词去描述（画面未必可控）。

birdcage by shadow puppetry
一个皮影戏风格的鸟笼

不会出现人影

shadow puppetry made by birdcage
使用鸟笼制作的皮影戏

会出现人影，同时构图有变化

建议大家尝试组合多个艺术相关词，感受它们带来的画面变化。还可以使用多个同义词去加强你需要的效果，例如，用 knitted painting, woven（针织绘画，编织的）使画面具备编织效果。同时也要避免词与词相互污染，给画面质量的把控带来困难。污染就是两种或两种以上风格没有很好地融合，相互干扰，使画面变得糟糕。此时，你可以删除其中一些关键词或增加某些关键词的权重。

探索 59 种艺术运动与流派

abstract art，抽象艺术

abstract expressionism，抽象表现主义

afrofuturism，非洲未来主义

ancient art，古代艺术

art deco，装饰艺术

art nouveau，新艺术风格

cloisonnism，景泰蓝艺术

constructivism，建构主义

contemporary art，当代艺术

crystal cubism，水晶立体主义

dada movement，达达运动

de stijl，风格派

deconstructivism，解构主义

expressionism，表现主义

fauvism，野兽派

futurism，未来主义

impressionism，印象派

hyperrealism，超现实主义

letterism，文字主义

magic realism，魔幻现实主义

medieval art，中世纪艺术

minimalism，极简主义

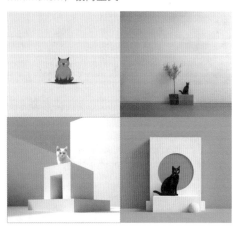

modernism，现代主义

naive art，稚拙艺术

neo-romanticism，新浪漫主义

neoclassicism，新古典主义

orientalism，东方主义

orphism，奥费立体主义

panfuturism，泛未来主义

pointillism，点彩画派

pop art，流行艺术

post-impressionism，后印象派

post-minimalism，后极简主义

pre-raphaelitism，前拉斐尔派

psychedelic art，迷幻艺术

realism，现实主义

retrofuturism，复古未来主义

romanticism，浪漫主义

suprematism，至上主义

surrealism，超现实主义

cave painting，洞穴壁画

concept art，概念艺术

Fayum portrait，法尤姆肖像

folk art，民间艺术

grimdark，冷暗风格

land art，大地艺术

lucha libre，墨西哥摔跤

street art，街头艺术

synthwave，合成波

Vienna secession，维也纳分离派

Warli painting，沃利绘画

Gond painting，冈德绘画

Gothic art，哥特式艺术

Egyptian mural，埃及壁画

traditional Chinese realistic painting，工笔画

rococo，洛可可风格

Dunhuang art，敦煌艺术

optical art，欧普艺术

Bauhaus，包豪斯风格

探索 48 种绘画及其他艺术形式

block print，版画

graffiti，涂鸦

blacklight painting，黑光绘画

watercolor，水彩

ukiyo-e，浮世绘

traditional Chinese ink painting，中国水墨画

pencil sketch，铅笔素描

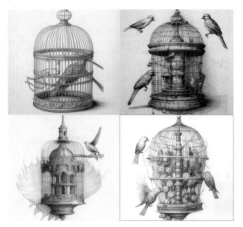

loose gestural，松散手势画法

continuous line，连续线条画法

charcoal sketch，木炭素描

value study，明暗画法

life drawing ，写生

blind contour，盲画

acrylic paint，丙烯画

paint-by-numbers，按数字填色画

trace monotone，单色调描摹画

outline，轮廓线风格

scribble，乱涂

biological illustration，生物插图

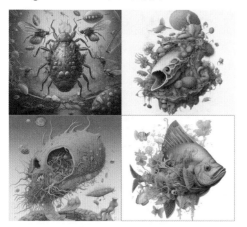

anatomical illustration，解剖图

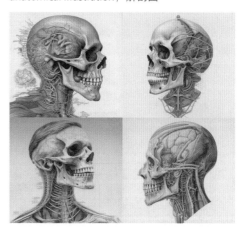

illustration，插画风格

comic，漫画风格

chalk drawing，粉笔画

doodle art ，涂鸦艺术

sketchnote style，速写本风格

marker drawing，马克笔手绘图

one line art，单线艺术

fashion sketch，时装素描

aerosol paint，罐装喷漆画

fashion illustration，时尚插画

3D art，三维艺术

C4D，Cinema 4D 软件制作的效果

Japanese vintage poster，日本复古海报风格

infographic，信息图

low-poly，低多边形

wireframe drawing，线框绘图

abstract memphis，抽象孟菲斯

streamlined design，流线型设计

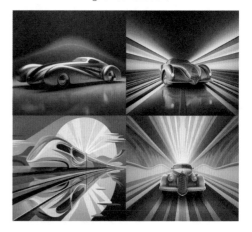

geometric shapes，几何图形

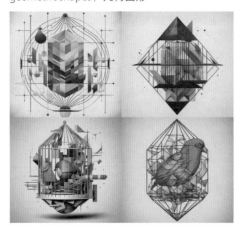

flat illustration，扁平插画

vector illustration，矢量插画

detailed，精细的、详细的

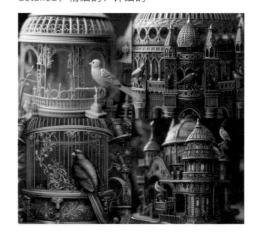

leading lines，引导线

logo design，徽标设计

technical drawing，技术制图

sock puppet style，袜子布偶风格

plasticine，橡皮泥

marbling，大理石花纹

探索 41 种工艺品与制作方式

patchwork，拼布工艺

pebble art，卵石艺术

kirigami，剪纸艺术

knitted，编织的

lapidary，玉石雕刻

LEGO style，乐高风格

diorama，西洋景

temari，手鞠

soutache，饰带

scraperboard art，刮板艺术

mokume-gane，木纹金属工艺

fused glass，熔融玻璃

paper quilling，衍纸艺术

carnival glass ，嘉年华玻璃

crocheted，用钩针编织

embossing，压花、压印工艺

needlepoint，刺绣

made of felt，毛毡制成

kintsugi，金缮

origami，折纸

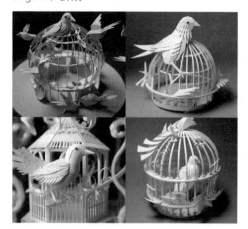

herbarium，植物标本风格

decals，贴花

Iznik tiles，伊兹尼克瓷砖风格

suminagashi，墨流工艺

bonsai，盆景

ikebana，插花

goldleaf，金箔

millefiori glass，千花玻璃

marquetry，镶嵌工艺（家居）

tie dye，扎染工艺

stained glass，彩色玻璃（教堂）

latte art，拉花（咖啡）

snowglobe，雪景玻璃球

torn paper，撕纸拼贴风格

X-ray，X 光

verdure tapestry，绿茵挂毯

mosaic，马赛克镶嵌工艺

encaustic paint，蜡画艺术

made of iridescent foil，由彩虹箔制成

trompe l'oeil，错视画

Cross stitch，十字绣

探索 5 种数字艺术的类型

ASCII text(art)，字符画

pixel art，像素艺术

fractal art，分形艺术

digital collage，数字拼贴

glitch art，故障艺术

探索 6 种动画风格

animation，动画片

claymation，黏土动画

cutout animation，剪纸动画

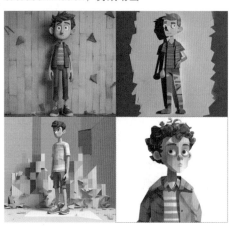

rotoscope animation，转描技术动画

stop-motion animation，定格动画

Miyazaki Hayao style，宫崎骏风格

探索 9 种朋克风格

探索 40 种摄影类型与拍摄技术

astropunk，太空朋克

Knolling，零件排列效果

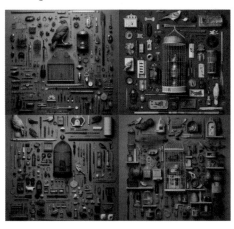

westernpunk，西部朋克

aerial photography，航空摄影

architectural photography，建筑摄影

astrophotography，天文摄影

fashion photography，时尚摄影

forensic photography，司法摄影

industrial photography，工业摄影

lo-fi photography，低保真摄影

Lomography，Lomo 相机摄影

mugshot，大头照

pictorialism，画意派摄影

pinhole photography，针孔摄影

polaroid，拍立得

scientific photography，科学摄影

street photography，街拍

vintage photography，复古风格摄影

war photography，战争摄影

underwater photography，水下摄影

atompunk，原子朋克

biopunk，生化朋克

cyberpunk，赛博朋克

dieselpunk，柴油朋克

necropunk，死灵朋克

solarpunk，太阳朋克

steampunk，蒸汽朋克

double exposure，双重曝光

holography，全息摄影

light field photography，光场摄影

intentional camera movement，有意移动摄像机

solargraph，日光摄影

Muybridge sequence，迈布里奇动态摄影风格

capturing motion，动态捕捉

portrait shot with light and shadow from window blinds，利用百叶窗光影拍摄人物肖像

through-the-viewfinder photography，通过取景器摄影

探索 37 种建筑

arcology，生态建筑学

art deco architecture，装饰艺术建筑

art modern architecture，现代艺术建筑

art nouveau architecture，新艺术派建筑

baroque architecture，巴洛克式建筑

Byzantine architecture，拜占庭式建筑

cast-iron architecture，铸铁建筑

constructivist architecture，建构主义建筑

eclectic architecture，折中主义建筑

expressionist architecture，表现主义建筑

Gothic architecture，哥特式建筑

Greek architecture，希腊建筑

high-tech architecture，高科技建筑

Ionian architecture，伊奥尼亚建筑

Islamic architecture，伊斯兰建筑

Jacobean architecture，詹姆斯风格建筑

medieval architecture，中世纪建筑

megastructure，巨型建筑

minimalist architecture，极简主义建筑

modern architecture，现代建筑

Moorish architecture，摩尔式建筑

Mudejar architecture，穆德哈尔建筑

Mughal architecture，莫卧儿建筑

neoclassical architecture，新古典主义建筑

neofuturist architecture，新未来主义建筑

organic architecture，有机建筑

Ottoman architecture，奥斯曼建筑

postmodern architecture，后现代建筑

renaissance architecture，文艺复兴建筑

Roman architecture，罗马建筑

Romanesque architecture，罗马式建筑

Scandinavian architecture，斯堪的纳维亚建筑

streamline modern architecture，流线型现代建筑

traditional Chinese architecture，中国传统建筑

traditional Japanese architecture，日本传统建筑

vernacular architecture，乡土建筑

Victorian architecture，维多利亚时代建筑

arcology
生态建筑学

rabbit arcology
兔子生态建筑

rabbit by arcology
生态建筑学风格兔子

以 arcology 可生成单一的生态建筑画面，如果前面加入定语 rabbit，就会出现兔子作为元素的生态建筑。如果使用 rabbit by arcology 生成图片，有一定的概率会出现没有建筑的、生态学风格的兔子形象。这些有趣的内容可以自行探索。

探索 43 种时尚

1910s fashion，1910 年代时尚

1920s fashion，1920 年代时尚

1930s fashion，1930 年代时尚

1940s fashion，1940 年代时尚

1950s fashion，1950 年代时尚

1960s fashion，1960 年代时尚

1970s fashion，1970 年代时尚

1980s fashion，1980 年代时尚

1990s fashion，1990 年代时尚

2000s fashion，2000 年代时尚

2010s fashion，2010 年代时尚

2020s fashion，2020 年代时尚

avant-garde fashion，前卫时尚

beatnik fashion，"垮掉派"时尚

biker fashion，机车时尚

Boho fashion，波希米亚风格时尚

cosplay fashion，角色扮演时尚

cybergoth fashion，赛博哥特时尚

dark academia fashion，黑暗学院风

emo fashion，情绪时尚

fairy kei fashion，仙女系时尚

glamour fashion，魅力时尚

Gopnik fashion，高普尼克时尚

Goth fashion，哥特时尚

grunge fashion，垃圾摇滚时尚

Harajuku fashion，原宿时尚

haute couture fashion，高级服装时尚

hip-hop fashion，嘻哈时尚

hippie fashion，嬉皮时尚

hyper-modernism fashion，超现代主义时尚

k-pop fashion，韩流时尚

metalhead fashion，金属头时尚

mod fashion，摩登时尚

normcore fashion，经典标准时尚

psychobilly fashion，精神摇滚时尚

punk fashion，朋克时尚

rave fashion，狂欢时尚

rocker fashion，摇滚时尚

scene fashion，场景时尚

skinhead fashion，光头党时尚，

techwear fashion，科技装时尚

vaporwave fashion，蒸汽波时尚

vintage fashion，复古时尚

rabbit 1940s fashion
兔子1940年代时尚

rabbit by K-pop fashion
韩流时尚兔子

rabbit by 1940s fashion，flat illustration
1940年代时尚兔子，平面插画

把几种不同的艺术形式放在一起,会得到意想不到的效果。

birdcage, vaporwave fashion

鸟笼元素，蒸汽波时尚

birdcage, vintage fashion

鸟笼元素，复古时尚

hyper-modernism fashion

超现代主义时尚

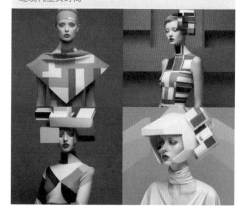

birdcage, hyper-modernism fashion

鸟笼元素的超现代主义时尚

vintage, vaporwave, hyper-modernism, fashion

复古、蒸汽波、超现代主义、时尚

vintage, vaporwave, hyper-modernism, fashion, flat illustration

复古、蒸汽波、超现代主义、时尚、扁平插画

探索 31 种印刷、摄影相关技术

cyanotype，蓝图晒印法

cross processing print，交叉冲印

redscale print，红调负片冲印法

thermography，热熔印刷

Risograph，Riso 印刷

halftone print，半色调印刷

screenprint，丝网印刷

anaglyph，浅型浮雕、立体照片

photogram，黑影相片

albumen print，蛋白印刷

anthotype print，花汁印相

aquatint print，铜版画飞尘蚀刻

bromoil print，溴盐印相法

chemigram，化学制图成像

collodion print，火棉胶法

chromolithography，彩色平版印刷

collotype print，珂罗版印刷

daguerreotype，银版摄影

Dufaycolor photography，杜菲彩版摄影

gumoil print，树胶油墨印相工艺

hand-colored photograph，手绘彩色照片

intaglio print，凹版印刷

letterpress print，凸版印刷

linocut print，油布浮雕版印刷

lithography print，平版印刷

mezzotint print，美柔订版画

monotype print，独幅版画

photogravure，照相凹版

tintype print，锡版摄影印相法

woodblock print，雕版印刷

xerography，静电印刷

探索 48 位艺术家

Craigie Aitchison，克雷吉·艾奇逊

Jon Burgerman，乔恩·伯格曼

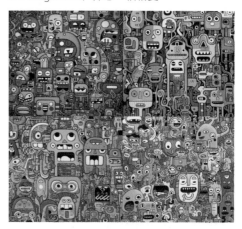

Dale Chihuly，戴尔·奇休利

Kazumasa Nagai，永井一正

Brandon Mably，布兰登·马布利

Peter Saville，彼得·萨维尔

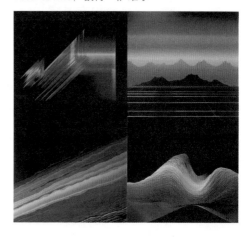

Paul Corfield，保罗·科菲尔德

Alex Colville，亚历克斯·科尔维尔

Henri-Edmond Cross，亨利·埃德蒙·克罗斯

Salvador Dali，萨尔瓦多·达利

Ian Davenport，伊恩·达文波特

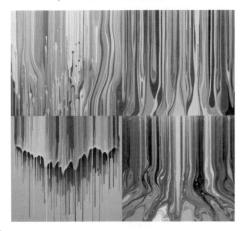

Max Ernst，马克斯·恩斯特

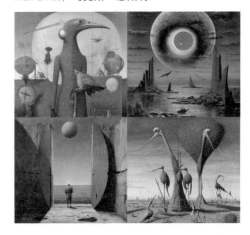

Mary Fedden，玛丽 · 费登

H. R. Giger，H. R. 吉格尔

Alex Gross，亚历克斯 · 格罗斯

Janet Hill，珍妮特 · 希尔

Frida Kahlo，弗里达 · 卡洛

Margaret Keane，玛格丽特 · 基恩

Wassily Kandinsky，瓦西里·康定斯基

Alan Kenny，艾伦·肯尼

Paul Klee，保罗·克莱

Vladimir Kush，弗拉基米尔·库什

Marie Laurencin，玛丽·洛朗森

Octavio Ocampo，奥克塔维奥·奥坎波

Francis Picabia，弗朗西斯·皮卡比亚

Okuda San Miguel，奥田·圣·米格尔

Christopher Balaskas，克里斯托弗·巴拉斯卡斯

Mark Ryden，马克·赖登

Amy Sherald，埃米·谢拉德

Fritz Scholder，弗里茨·朔尔德

Wayne Thiebaud，韦恩·蒂埃博

Allie Brosh，阿莉·布罗什

Viviane Sassen，薇薇安娜·萨森

David Bailey，戴维·贝利

John Harris，约翰·哈里斯

Alessandro Gottardo，亚历山德罗·戈塔尔多

Alejandro Burdisio，亚历杭德罗·布尔迪西奥

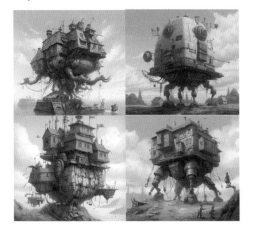

Hsiao Ron Cheng，郑晓嵘

Gemma Correll，杰玛·科雷尔

Alexander Calder，亚历山大·考尔德

Jun Kaneko，金子润

Verner Panton，维尔纳·潘顿

Utagawa Hiroshige，歌川广重

Cory Arcangel，科里·阿肯吉尔

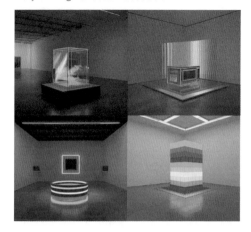

Patrick Caulfield，帕特里克·考尔菲尔德

Lars von Trier，拉尔斯·冯·特里尔

Agathe Sorlet，阿加特·索莱

Wes Anderson，韦斯·安德森

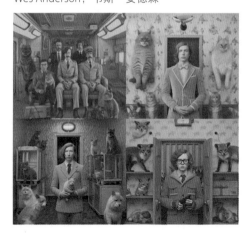

Deer Man, Wes Anderson

鹿人，韦斯·安德森

Deer Man, Viviane Sassen

鹿人，薇薇安娜·萨森

Deer Man, Patrick Caulfield

鹿人，帕特里克·考尔菲尔德

Deer Man, Wes Anderson, Viviane Sassen

鹿人，韦斯·安德森，薇薇安娜·萨森

Deer Man, Wes Anderson，Patrick Caulfield

鹿人，韦斯·安德森，帕特里克·考尔菲尔德

Deer Man, Wes Anderson, Hsiao Ron Cheng, Bauhaus

鹿人，韦斯·安德森，郑晓嵘，包豪斯

第 21 ~ 22 小时
探索镜头、视角与构图

探索60种镜头与视角

探索18种构图

a cat in room mysterious backdrops, layered sky: red and black backlighting in the style of traditional Chinese landscape, neo – traditional, orient – inspired James Turrell, plants are in the style of Hiroshi Nagai. Fan Kuan eerily realistic, treacherous, I can't believe how beautiful this is: symmetrical composition, grandeur of scale, strong use of negative space, front view single point perspective realistic hyper detail, 8k, hd --v 5.1 --s 250

猫在背景神秘的房间里，层层叠叠的天空，中国传统景观风格的红黑背光，新传统、东方风格的詹姆斯·特里尔，植物是永井博的风格，范宽的诡异现实风格，阴森危险，我简直不敢相信这有多美，对称的构图，宏大的规模，充分利用负面空间，正面视角，单点透视逼真超精细，8K，高清

Fisheye lens, Spider-Man --v 5.1

鱼眼镜头，蜘蛛侠

Fisheye lens, Spider-Man --niji 5

鱼眼镜头，蜘蛛侠

Fisheye lens, Spider-Man, pouncing to viewer, extreme close up perspective, focus on face, graffiti art --niji 5

鱼眼镜头，蜘蛛侠，猛扑向观众，超近距离视角，聚焦面部，涂鸦艺术

Fisheye lens, Spider-Man, Dynamic Pose, pouncing to viewer, extreme close up perspective, focus on face, graffiti art, street culture, unreal engine 5, hikari shimoda, realistic detail, radiant clusters, pseudo-infrared, minimalist, 32k, best quality --niji 5

鱼眼镜头，蜘蛛侠，动态姿势，向观众猛扑，超近距离视角，聚焦面部，涂鸦艺术，街头文化，虚幻引擎5，下田光，逼真的细节，辐射簇，伪红外，极简主义，32K，最佳质量

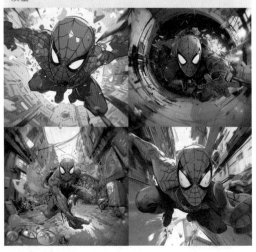

在建立画面之前，可以明确构图，不要使用多个关于拍摄角度（镜头、视角）的词。例如，一旦选择了鱼眼镜头，这个特色就会十分明显，构图也会固定。为了增强鱼眼镜头效果，还可以增加向观众猛扑、动态姿势、聚焦面部等词。而涂鸦艺术、街头文化等词可以丰富背景和细节。最后增加画面质量词和艺术家词等来改变细节。如果前面形成的画面足够稳定，后面增加这些词也不会改变大方向，只会调整细节。

探索 60 种镜头与视角

satellite view，卫星视图

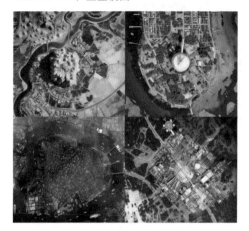

a bird's eye view，鸟瞰图

top view，俯视图

bottom view，底视图

High angle view，高角度视图

Low angle view，低角度视图

front view，正视图

profile view，侧视图

side view，从一侧看

back view，从后面看

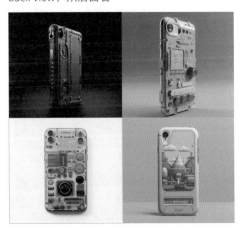

side angle，侧角

super side angle，超侧角

wide-angle view，广角视图

ultra wide shot，超广角镜头

extreme long shot，超远景

long shot，远景

medium long shot，中远景

medium shot，中景

tight shot，近景

medium close-up，中特写

close-up，特写

extreme close-up view，大特写视图

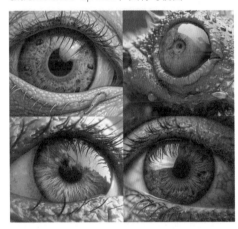

portrait，肖像

head shot，头部特写

over-the-shoulder shot，过肩镜头

face shot，面部拍摄

waist shot，半身镜头

knee shot，膝上镜头

full length shot，全身照

group shot，群像

Telephoto lens，长焦镜头

macro shot，微距摄影

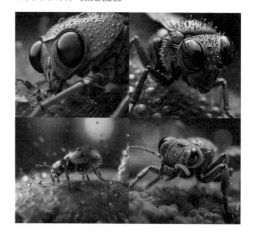

microscopy，显微镜使用

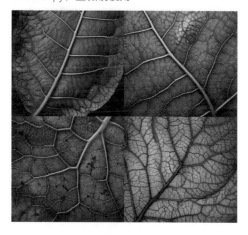

magnification，放大倍数

pinhole lens，针孔镜头

telescope lens，望远镜镜头

isometric view， 等距视图

tilt-shift，移轴

microscopic view，微观

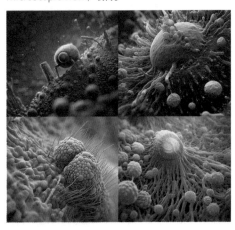

product view，产品视图

detail shot，细节镜头

front view, side view, rear view， 前视图、侧视图、后视图

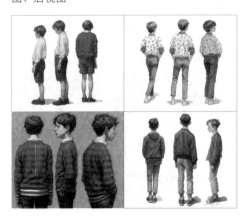

foreground，前景

background，背景

scenery shot，风景照

depth of field，景深

bokeh，背景虚化

cinematic shot，电影镜头

elevation perspective，立面透视

two-point perspective，两点透视

three-point perspective，三点透视

multi-point perspective，多点透视

foreshortening，投影缩减、前缩透视法

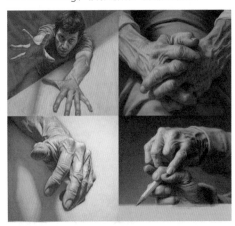

fisheye lens，鱼眼镜头

first-person view，第一人称视角

third-person perspective，第三人称视角

cross-section view 横截面图

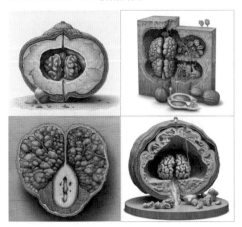

drone lens，无人机镜头

expansive view，广阔的视野

in focus，焦点对准

探索 18 种构图

contrasting composition，对比构图

symmetrical face，对称的脸

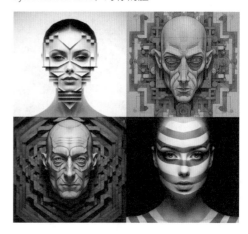

symmetrical body，对称的身体

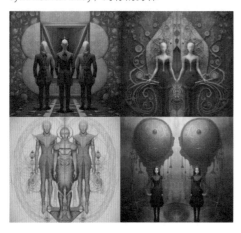

asymmetrical composition，不对称构图

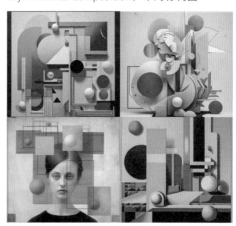

symmetrical composition，对称构图

center the composition，居中构图

diagonal composition，对角线构图

horizontal composition，水平构图

S-shaped composition S 型构图

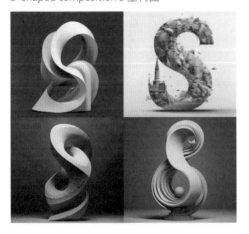

golden ratio，黄金比例

rule of thirds composition，三分法构图

mandala composition，曼荼罗构图

space configuration, 空间构造

spatial composition，空间构图

point, line, and plane composition，点线面构图

grid composition，网格构图

texture composition，纹理构图

proportional，比例适宜

第 23 ~ 24 小时
探索光影效果、渲染效果、色彩效果和情绪

探索60种光影效果

探索6种渲染效果

探索53种色彩效果

探索12种情绪

Beautiful girl, Suprematism, art illustration, Backlight, Exotic plants, Creative shot, Shot with a Sony A7 iii, Cinematic lighting, Cinematic shot, Photography by Romina Ressia, 35mm film

美丽的女孩，绝对主义，艺术插图，背光，外来植物，创意镜头，使用索尼A7 Ⅲ，电影照明，电影镜头，罗米纳·雷西娅摄影，35mm胶片

Frida Kahlo's Portrait shot, with light and shadow from window blinds

弗丽达·卡洛的肖像照，百叶窗上的光影

Frida Kahlo's Portrait shot with peach and cyan lighting

弗丽达·卡洛的肖像照，用桃红色和青色灯光拍摄

Frida Kahlo's Portrait shot with Crepuscular rays

弗丽达·卡洛的肖像，曙暮辉

Frida Kahlo's Portrait shot with Crepuscular rays, flat illustration

弗丽达·卡洛的肖像曙暮辉，扁平插画

Frida Kahlo's Portrait shot, volumetric lighting

弗丽达·卡洛的肖像照，体积照明

Frida Kahlo's Portrait shot, amber and klein blue

弗丽达·卡洛的肖像照，琥珀色和克莱因蓝

探索 60 种光影效果

sun light，太阳光

morning light，晨光

shimmering light，闪烁的光

golden hour light，黄金时段光

evening sunshine，夕阳光

bonfire light，篝火光

cold light，冷光

warm light，暖光

fluorescent lighting，荧光照明

natural light，自然光

cyberpunk light，赛博朋克光

color light，色光

hard light，强光、硬光

dramatic light，戏剧光

soft lights，柔光（点光）

soft light，柔光（面光）

back light，背光

Intense backlight，强逆光

atmospheric lighting，气氛照明

volumetric lighting，体积照明

mood lighting，情调照明

sultry glow，暧昧光晕

mapping light，映射光

reflection light，反射光

reflection effect，反射效果

projection effect，投影效果

glow effect，发光效果

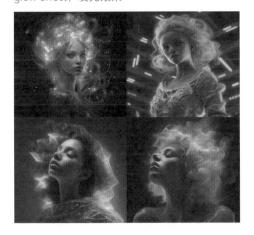

electric flash，电光

top light，顶光

raking light，侧光

rim light，轮廓光

edge light，边缘光

Rembrandt light，伦勃朗光

soft candlelight，柔和烛光

shimmering light，闪烁的灯光

warm glow，温暖光辉

ultraviolet，紫外线

infrared，红外线

concert lighting，音乐会灯光

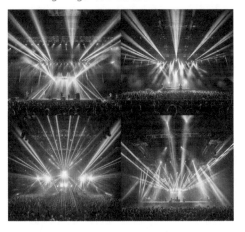

crepuscular rays，曙暮辉

direct sunlight，直射阳光

dust，灰尘（可使器皿有磨砂效果）

accent lighting，重点照明

glow radioactive，放射性发光

lava glow，熔岩光效

nuclear waste glow，核废料光效

nightclub lighting，夜总会照明

quantum dot，量子点

spotlight，聚光灯

strobe light，频闪灯

high key lighting，亮色调照明

low key lighting，暗色调照明

motivated lighting，模拟光

3-point lighting，三点式照明

soft moonlight / moonlight，柔和月光 / 月光

neon lamp，霓虹灯

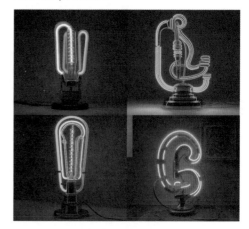

glow-stick，荧光棒

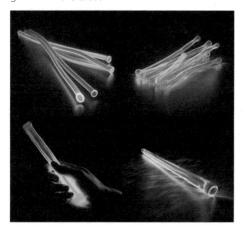

dye-laser，染料激光

window light，窗户光

stark shadows / shadow effect，明暗分明 / 阴影效果

探索 6 种渲染效果

misty foggy，雾蒙蒙

dreamy haze，梦幻雾气

ethereal mist，雾气缭绕

Octane render，Octane 渲染

Unreal Engine5，虚幻引擎 5

VRay，VRay 渲染效果

探索 53 种色彩效果

red，红色

orange，橙色

yellow，黄色

green，绿色

blue，蓝色

purple，紫色

brown，棕色的

deep blue，深蓝色

white，白色

pink，粉色

gray，灰色

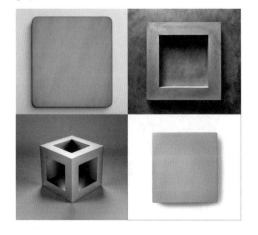

black，黑色

acid green，酸性绿

peach，桃红色

lilac gray，淡紫灰

deep olive，深橄榄绿

turquoise，松石绿

denim Blue，牛仔蓝

emerald and burgundy，祖母绿和酒红色

amber and Klein blue，琥珀与克莱因蓝

silver and brown，银色和棕色

gold and silver tones，金银色调

red and black，红与黑

light navy and light green，浅海军蓝与浅绿

canary yellow and mauve，金丝雀黄与淡紫色

acid green and millennial pink，酸性绿和千禧粉

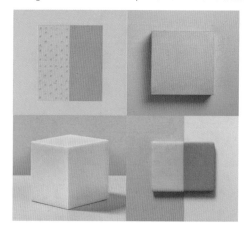

fashionable Gray，时尚灰

luxurious gold，奢华金

Morandi color，莫兰迪色

soft pastels，柔和轻盈的颜色

Day Glo，Day Glo 荧光色

primary colors，原色

neon shades，霓虹灯光影

colorful，多彩的

reflections transparent iridescent colors，反射
透明彩虹色

candy color，糖果色

muted tones，沉静的色调

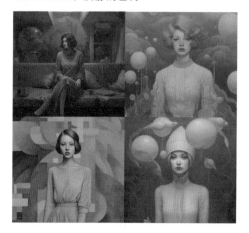

high contrast，高对比度

desaturated，去饱和的

neutral，中性色

monochromatic，单色的

two tone，双色调（不指定颜色）

triadic colors，三角对立配色

tetradic colors，双互补色配色

soft gradient colors，柔和渐变色

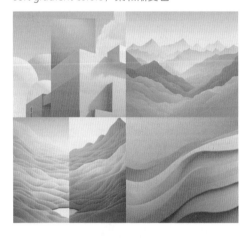

strong gradient colors，强渐变色

sunset gradient，夕阳渐变

kodachrome，柯达彩色胶片效果

autochrome，彩色底片冲印效果

Instax，富士 Instax 相机效果

cameraphone，拍照手机效果

rich color palette，丰富的调色

blue room, yellow light，蓝色房间，黄色光

探索 12 种情绪

determined，坚定

excited，兴奋

hopeful，期待

elegant，优雅

embarrassed，尴尬

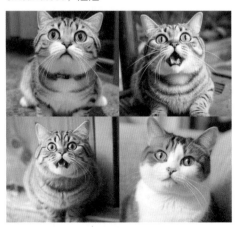

anxious，不安

surprised，惊讶

hateful，讨厌

shy，害羞

angry，生气

tender，温柔

emotive，感性

第 25 ～ 26 小时
探索材质、纹理和画面质量

探索72种材质和纹理

探索51个画面质量相关的词

Minimalism, minimal Award winning luxury humanoid robotic dog, hi-tech synthetic bio ethereal metal and blue titanium material, award winning photo, on dark background, dark palette ergonomic photography, incredibly detailed, sharpen details, cinematic production still, cinematography, photorealistic, modern composition, Unreal Engine, Cinematic, Color Grading, portrait photography, Ultra-Wide Angle, Depth of Field, hyper-detailed, beautifully colored, insane detail, intricate detail, Editorial Photography, Photography, Photo Shoot, DOF, Tilt Blur, White Balance, Super Resolution, Megapixel, ProPhoto RGB, VR, Half Moon Lighting, Backlighting, Natural Lighting, Incandescent, Fiber Optic, Mood Lighting, Cinematic Lighting, Studio Lighting, Soft Lighting, Volumetric, Contre-Jour, Beautiful Lighting, Accent Lighting, Global Illumination, Global Illumination in Screen Space, Global Illumination by Ray Tracing, Optics, Dispersion, Brightness, Shadows, Roughness, Glare, Ray Tracing Reflections, Lumen Reflections, Reflections in Screen Space, Diffraction Gradation, Chromatic Aberration, RGB Displacement, Scan Lines, Ray Tracing, Ray Tracing Ambient Occlusion, Anti-Aliasing, FXAA, TXAA, RTX, SSAO, Shaders, OpenGL-Shaders, GLSL-Shaders, Post Processing, Post-Production, Cel Shading, Tone Mapping, CGI, VFX, SFX, insanely detailed and intricate, hyper-maximalist, elegant, hyper realistic, super detailed, dynamic pose, ultra-realistic render, ergonomic, trompe l'oeil --v 5.1

极简主义，极简的获奖的豪华人形机器狗，高科技合成生物轻型金属和蓝色钛材料，获奖照片，深色背景，深色调色板人体工程学摄影，精细的细节，锐化的细节，电影制作静物，电影摄影，真实感，现代构图，虚幻引擎，电影，色彩分级，肖像摄影，超广角，景深，超细节，色彩优美，疯狂的细节，复杂的细节，编辑摄影，摄影，照片拍摄，自由度，倾斜模糊，白平衡，超分辨率，百万像素，ProPhoto RGB色彩空间，虚拟现实，半月照明，背光，自然照明，白炽的，光纤，情绪照明，电影照明，工作室照明，柔和照明，体积，逆光，美丽的灯光，重点照明，全局照明，屏幕空间中的全局照明，光线跟踪的全局照明，光学，色散，亮度，阴影，粗糙度，眩光，光线跟踪反射，流明反射，屏幕空间反射，衍射渐变，色差，RGB位移，扫描线，光线跟踪，光线跟踪环境遮挡，抗锯齿，快速近似抗锯齿，时间性抗锯齿，RTX效果，屏幕空间环境光遮挡，着色器，OpenGL着色器，GLSL着色器，后期处理，后期制作，卡通渲染，色调映射，计算机生成图像，视觉特效，特技效果，极其详细和复杂，超最大化，优雅，超逼真，超详细，动态姿势，超逼真渲染，符合人体工程学，错视效果

很多物质都可以成为其他事物的材质。在图形创意中，这叫作肌理置换。你可以试试用面条做一件衣服，这在 Midjourney 中可以很轻松地实现。

Thick lines style, The girl's front portrait, outline illustration, line art, white background, minimalist, line drawing graphics, flat illustration, Yayoi Kusama --style expressive --niji 5

粗线条风格，女孩正面肖像，轮廓插图，线条艺术，白色背景，极简主义，线稿图形，平面插图，草间弥生

High fashion, Fashion photography, reality photography, muscle fiber-like flexible textures

高级时装，时尚摄影，真人摄影，肌肉纤维般的弹性纹理

Bamboo and jade light

竹子和玉石灯

feathers high heels, futurism, surrealistic --niji 5

羽毛高跟鞋，未米主义，超现实主义

我们还可以发挥想象力，寻找非真实存在的纹理。有时候，加入与某种纹理特征相关的艺术家提示词，也可以得到不错的效果，如草间弥生，她是日本的一位艺术家，加入她的名字可以使作品的点状纹理效果突出。

探索 72 种材质和纹理

plastic，塑料

cotton，棉

paper，纸

leather，皮革

silk，丝绸

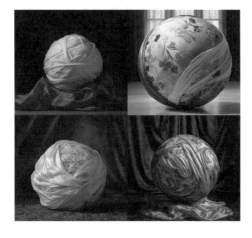

metal，金属

glass，玻璃

fabric，织物、布料

denim，牛仔布

woolen / woollen，毛线、毛织品

polka dot / spotted，波点的

striped，条纹的

checkered，格子的

plain，纯色的、无花纹的

wooden，木头的

feathers，羽毛

leaves，树叶

gem，宝石

jade，翡翠

porcelain，瓷器

nylon，尼龙

pearl，珍珠

polyester，聚酯纤维

canvas，帆布

fire，火

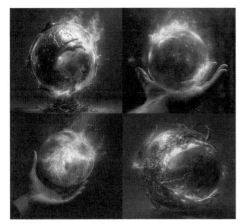

lace，蕾丝

iron，铁

steel，钢

holographic，全息影像

stone，石头

beeswax，蜂蜡

coral，珊瑚

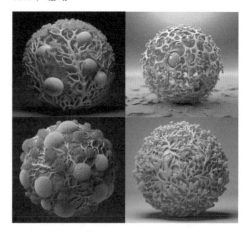

amber，琥珀

crystal，水晶

fur，动物皮毛

wax，蜡

yarn，纱线

foil，箔

fiber optic，光纤

latex，乳胶

brushed，拉丝的、起毛的

ruby，红宝石

amethyst，紫水晶

high polished，高度抛光

matte，不光滑的

gummies，软糖

chocolate，巧克力

sand，沙子

blood，血液

diamond，钻石

satin，绸缎

pine，松木

ice，冰

brick，砖

magma，岩浆

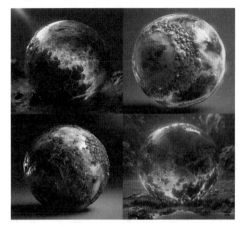

engraving，雕刻品

cardboard，纸板

quartz，石英

carbon fiber，碳纤维

turquoise，绿松石

noodles，面条

cellulose，纤维素

wrap，包裹

slime，黏液

basalt，玄武石（火山岩）

bronze，青铜制的

metallic，金属的

nickel，镍

aluminum，铝

quilt，缝纫（这里指线迹纹理）

lacquerware，漆器

pattern，图案

探索 51 个画面质量相关的词

bold colors，大胆用色

classics，经典

consummate，完美的

crisp details，清晰的细节

crystal clear，晶莹剔透

flawless，无瑕的

fine details，精细细节

high-precision，高精度

impeccable，无可挑剔

masterpiece，杰作

master，大师级

meticulously crafted，精雕细琢

perfect details，完美的细节

picture-perfect，完美无瑕的

precision，精准的

photorealistic，照片般逼真

rich level of detail，细节层次丰富

realistic details，逼真的细节

sharpness，锐利

sharp details，清楚的细节

super sharp，超锐利

ultra-realistic，超逼真

ambient occlusion，环境光遮蔽

bloom，光晕 / 泛光

caustics，焦散线

diffuse，漫反射

global illumination，全局光照

HDR rendering，高动态范围渲染

lens flare，镜头光晕

subsurface scattering，次表面散射

ray tracing，光线追踪

reflection，反射

refraction，折射

FHD，全高清

high detail，高细节

hyper quality，高品质

high resolution，高分辨率

high definition，高清

super clarity，超清晰

ultra-high clarity，超高清晰度

ultra-high resolution，超高分辨率

ultra-high definition/ultra HD，超高清

ultra HD picture，超高清图像

1080P，1080P 分辨率

2K/2K Resolution，2K 分辨率

4K/4K resolution，4K 分辨率

8K/8K resolution，8K 分辨率

8K smooth，8K 流畅

16K/16K resolution，16K 分辨率

no background，无背景

white background，白色背景

第 27 ~ 36 小时
探索商业应用

插画师助手——控制作品质量，再调色

　　任何一个艺术创作过程都包含 5 个阶段，它们分别是获得灵感、寻找素材、明确方案、执行方案、确认结果。由于当前的 Midjourney 的可控性比较弱，生成的图片不一定理想，无法局部修改，而且它对文字的辨识能力有待提高，因此我们不能完全依靠它来完成作品。根据 Midjourney 的优势，现阶段我们可以把它当做创意助手，如果能够正确且准确地使用提示词，可以迅速获得灵感和素材，拓宽思路。

　　我们可以直接使用提示词来获得结果，也可以根据自己的艺术认知，对使用 Midjourney 生成的作品进行相应的后期处理。

A couple (coming to kiss) in a tree print, in the style of darkly romantic illustrations, elegant, sad, emotive faces, rococo-inspired art, organic stone carvings, referential painting, silver and brown --ar 53:74

一对情侣（正要亲吻）的树形画，黑色浪漫的插图，优雅、悲伤、情绪化的脸，洛可可风格艺术，有机石雕，参考油画，银色和棕色

使用 Midjourney 有时候可以创作一些平时不常使用的风格，比如笔者之前很少接触洛可可风格。使用这个提示词时，刷新十几次后大多数画面仍然不好，但后来得到了右上这张图，比较令人满意，唯一不足的是颜色有点枯黄。

画面细节没有要调整的，笔者仅仅对颜色进行了调整。将浓郁的枯黄色改为淡雅的灰调，画面的质感有所提升，表达的情绪更细腻，主体人物更突出。

插画师助手——分别生成背景与主体，再合成

如果创作者有能力进行修图，作品会更有个性，接下来看看一个合成作品的创作过程。

by the artist john o'rourke, the green panda, in the style of pointillist dotted textures, surreal figuration, digital airbrushing, light navy and light green, layered fibers, imaginative characters, elongated figures --v 5.1 --s 500

由艺术家约翰·奥罗克创作，绿色熊猫，采用点画风格的点状纹理，超现实的造型，数字喷枪绘画，浅海军蓝和浅绿色，分层纤维，富有想象力的人物，细长的图形

这个点画风格相当有趣。有的人可能会好奇，笔者为何使用熊猫来进行创作。一方面这个形象具有中国特色；另一方面，使用统一的形象便于创造系列作品，给观者留下更深的印象。

重新生成了很多次后，得到了这张与构想比较接近的图，熊猫全身被植物覆盖，就是笔者理想中的效果。但是作为独立的作品，它有点单调。仔细观察这张图，它更像一个背景，可以加上其他元素，比如手指处很适合停留一只红色小鸟。

采用熊猫的图与红色小鸟的图进行混合，得到的效果很糟糕。

如果修改提示词，加上"熊猫手上停着一只红色小鸟"的内容，生成的图片完全没有理想的效果。这就体现了 Midjourney 的不可控性。

Mechanical bird, on the tree, top light

机械鸟，在树上，顶光

red robot bird, white background

红色机器鸟，白色背景

试着另外输入提示词，获得机械鸟图片。这些图不适合与绿色熊猫图融合。

可以直接生成红色的机器鸟，这些鸟儿都很漂亮，但是未必能够与绿色熊猫图融合得到理想的效果。

white mechanical bird, torii, winter snow, sci-fi Japanese, origami, poster, newspaper, one red drop, blizzard, pastel colors --ar 928:1296 --s 500 --q 2 --style raw

白色机械鸟，鸟居，冬雪，科幻日语，折纸，海报，报纸，一滴红，暴风雪，柔和的颜色

使用提示词得到了折纸小鸟，重新生成几次后，得到一张比较合适的图片。

在 Photoshop 中把两张图贴在一起，并对其颜色、光影、轮廓等各方面进行修改来获得更好的效果。

得到了比较满意的作品。如果弱化鸟儿，让其与熊猫融合得更好，画面就会失去张力；如果鸟儿的颜色不够鲜艳，就不能与绿色元素形成对比。每个人对这个作品都可以有自己的解读。输入文字，图片就更像海报或封面了，不过第一次输入的是红色的字，似乎不太合适。

经过调整，最终选择了深灰的文字，让观者更能感受到熊猫与鸟儿之间的张力。

因为无法直接生成满意的作品，所以这个作品是通过两张图片拼合而成的。房间是一张图片的内容，马是另外一张图片的内容，原来房间里的人被删除了，最后获得了这张图片。

插画师助手——制作表情包和探索具有独创性的 IP 形象

使用 Midjourney 制作表情包的方法其实非常简单，用简单的语句就可以生成基础形象，保持一致性很容易，控制细节也不难。选出你喜欢的表情包形象，添加文字，就可以生成一套满意的图了。

very simple, minimalistic, cartoon doodle, line art, of a little monster, character sheet with multiple pose and expressions --niji 5 --style cute

非常简单，极简的，卡通涂鸦，线条艺术，小怪物，带有多个姿势和表情的角色列表

①使用 /imagine 指令，就可以生成很多小怪物的表情系列图，选择最喜欢的一组作为基础图就可以了。如果想生成其他动物，可以将主体改成 a red little fox（一只红色小狐狸）。在提示词末尾增加 f/64 group，生成的表情就更多了。这里没有加 f/64 group 的原因是想探索更好的角色，并不担心表情不够用。

②使用 Remix 模式，在提示词末尾加上 fly（飞）、happy（高兴）、angry（生气），看看会产生什么效果。

③直接生成了 4 张造型多变的怪物图，表情更加丰富，变化更多，只是形象改动较大，可以将其作为备用图。

④怎么保持一致性呢？就是在步骤②中，不更改任何提示词，让它自动微调，或者每次只增加一两个 fly、happy 这样的表情提示词。试两三次，就能生成大量可以使用的图片了。细致观察可以发现，可用的图非常多。挑选出你需要的图，制作成表情包就可以了。

最好不要全部依赖 AI 创作具有独创性的 IP，我们可以利用 AI 做出一些高级的原始素材。

⑤找到一张穿西服的狗的拟人肖像作为图片提示，将步骤①提示词中的 monster 改成 dog，然后用它们生成图片。

⑥获得了多张图，然后选择其中不错的图，制作表情包。这张图是用 Photoshop 将几张图合并后得到的。

⑦这个作品也是使用步骤⑤的图片提示和文字提示直接获得的。有了图片提示，以动物拟人化为主题就可以获得很多具有独创性的 IP 形象。

接下来的 3 组作品都使用了同样的文本提示（步骤①中的），但使用了不同的图片提示。保留了提示词 monster，它自带愤怒属性，生成的形象会很特别。若将 monster 改成 girl，画面就会变得普通，显得过于可爱。

加入图片提示 1，出图率很高，效果很特别。周围的小怪兽可以当作附属产品。

加入图片提示 2，头发飞起来的样子很有趣，身体既有像树的，也有变形为怪物的，出图率很高，因为有基础图片，所以结果图的一致性很强，画面动感十足。

加入图片提示 3，人物的表情很多，动作变化特别大，图片比较一致。使用的图片提示越复杂越容易得到这样的结果，创造 IP 变得轻松有趣了。

插画师助手——探索风格、创建风格

primary colors, minimalism, vector illustration, streamlined design, abstract, geometric shapes, flat illustration

原色，极简主义，矢量插图，流线型设计，抽象的，几何形状，平面插图

A modern girl with a big hat, leopard, a Luxury car, Sunglasses, first-person view, especially beautiful facial features, primary colors, minimalism, vector illustration, streamlined design, abstract, geometric shapes, flat illustration

一个戴着大帽子的摩登女郎，豹子，一辆豪华轿车，太阳镜，第一人称视角，特别美丽的面容，原色，极简主义，矢量插图，流线型设计，抽象，几何形状，平面插图

最初我们可以先找几个有趣的词，如极简主义、原色、几何形状、矢量插图、抽象的、流线型设计，连主体是人物还是动物都不需要指明，看看能够出现什么效果。这张图比较令人满意，可以继续探索作品风格。

加入主体，即一个戴大帽子的摩登女郎，再加入豹子和一辆豪车等信息。试过几次后，发现生成的比较好的图片大多是这样的。如果不能继续探索出有趣的东西，而这个方向也是自己想要的，就可以开始尝试垫图了。

这张图是上传的图片提示。文本提示部分删去太阳镜、豪车、豹子这些信息，保留一个摩登女郎戴着大帽子，以及极简风格、矢量插画等风格方向的信息。

将得到的这张图当做图片提示，和文本提示一起上传（文本提示不需要修改）。

使用图片提示和文本提示生成两次，选出其中效果最好的一张。这张图片和第一次使用图片提示得到的结果差距很大。

尝试更换各种图片提示，文本提示不变，以寻找自己喜欢的方向。这里挑选了 3 张漂亮的图。

垫了各种风格的图后，终于找到了更接近中国风格的形象。左边这张图的构图不错，项链很特别，但是眼睛没有直视正前方。右边这张图中，眼睛整体很美，眼神很坚定，于是使用 Photoshop 给她们换脸。

换脸后的效果非常不错。手动给眼睛加上高光，让眼睛更有神。衣服没有露出，显得不够高级，可以自己绘制一件黑色礼服。

总的来说，你可以先测试好绘画的总体方向，如铅笔画风格加洛可可风格等，然后测试主体，如一个男孩子和一只猫，在天空中开着车。如果不能通过文本提示直接获得想要的图，可以先不改变文本提示，多测试一些图片提示与文本提示的组合，有了感兴趣的方向，再深入探索。如果没有获得特别满意的直接结果，可以采用后期处理的方法，最终获得可供商业活动使用的作品。这样既能保证效率，也能保证版权上不出问题。

最后的结果很不错，展示了一个自信、勇敢、时尚的中国美人的形象，并且商务感很强烈。

服装设计师助手——虚拟服饰的设计与展示

使用 Midjourney 直接生成虚拟服饰和将其用于扩宽思路都是非常有趣的事情。

high-resolution photograph, hyper realistic, high detail, a tall skinny light skin male model, futuristic design outfit, standing on the silver flat metallic deformed platform, standing on water, massive deformed jacket, black leather, futuristic, jacket made of broken mirror pieces, outfit wide silver silk pants, big heavy futuristic pocket shoulder bag, wearing massive tall very detailed toxic green color made of black metal boots, futuristic designs, front back photograph --s 250

高分辨率照片，超逼真，高细节，一个瘦高的浅色皮肤男模，未来主义设计服装，站在银色扁平金属变形平台上，站在水面上，巨大变形夹克设计，黑色皮革，未来主义，由碎镜片制成的夹克，穿宽的银色丝绸长裤，大而重的未来主义口袋肩包，穿着由黑色金属制成的巨大的非常精细的毒绿色高筒靴，未来主义设计，前后照片

这是使用无图片提示的提示词生成的作品，有质感，令人非常震撼，但是服饰有些不合适。我们先通过这种方式获得关于场景的灵感，然后进行趋势与风格的探索。

a black model in a fashion runway with a dress made of white paperclips, white hairy heels, volumetric lighting --iw 1.4

时尚T台上的黑人模特，穿着白色回形针制成的连衣裙，白色毛茸茸的高跟鞋，体积照明

上传一张手绘的服装设计图，然后加入其他提示词。注意，设置的 --iw 数值越大，画面就会越接近图片提示。

在提示词末尾加上 --s1000，获得了意想不到的效果。

加入提示词style by Duro Olowu（杜罗·奥罗伍的风格），细节发生了变化，这些细节对专业人士来说是非常重要的。

加入提示词 a dress made of glass textured and faux fur（玻璃质感和人造毛皮制成的连衣裙），改灯光相关提示词为 Electric flash（闪电光），画面也呈现出了相应的变化。

Generate a visually enticing illustration of a French fashion runway, incorporating intricate details of haute couture clothing and accessories. coloring book illustration, white background, vector line art, no shades, black lines only --ar 2:3

制作一幅视觉上诱人的法国时装秀插图，融合了高级时装和配饰的复杂细节。填色书插图风格，白色背景，矢量线条艺术，没有阴影，只有黑线

Minimalist stick figure drawing of a boy wearing a stylish outdoor tactical red jacket, with front, side and rear views, against a white background with black lines --v 5.1

一个穿着时尚户外战术红色夹克的男孩，极简主义简笔画，正面、侧面和背面视图，对着黑色线条的白色背景

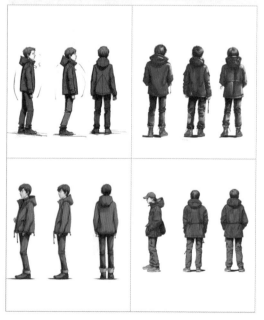

如果想生成手绘形式的图，只需要编写矢量线条相关的、没有颜色的提示词就可以了，用这一方法生成的这张图效果不错。

使用了 with front, side and rear views，产生了三视图。

Logo 设计助手——设计各种 Logo

Logo 有字母设计标志、抽象几何标志、插画风格图形标志等多种类别。可以尝试使用 Midjourney 帮你生成方向稿，再调整优化。

logo design of Bees, logo design, clean design
蜜蜂的标志设计，标志设计，干净的设计

直接获得一个完美的标志是非常难得的，通常要生成很多次。

Tripod logo, rhinoceros image, geometric graphics, strong retro feel, Bauhaus style, vector illustration, white background --c 100

三脚架标志，犀牛形象，几何图形，强烈的复古感，包豪斯风格，矢量插图，白色背景

Minimalistic analog synth brand logo in the style of Lucienne Day --q .25 --chaos 80

吕西安娜·戴风格的极简主义模拟合成器品牌标志

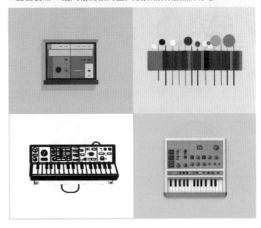

可以设置较高的 --chaos 值，这样生成的图片的设计方向差别很大，你可以在几分钟内快速得到很多种不同风格的图片。它们虽然不太完美，但是对设计师有很大的帮助。

cute cartoon camping car logo, simple outline vintage minimalist silhouette, cut file, black plain color, 2d illustration, vector style, white background --upbeta --q 2 --s 750

可爱的卡通露营车标志，简单轮廓复古的极简主义剪影，剪裁文件，黑色纯色，二维插图，矢量风格，白色背景

word mark，文字标志
pictorial Logo，图形标志
letter mark，字母标志
abstract Logo，抽象标志，
mascot Logo，吉祥物标志
emblem Logo，象征标志
combination Logo，组合标志
watermark Logo，水印标志
gradient Logo，渐变标志
negative space Logo，负空间标志
geometric Logo，几何标志
vintage Logo，复古标志
signature Logo，签名标志
minimalist Logo，极简主义标志
3D Logo，三维标志

可以使用 --niji 5 生成卡通风格的标志，也可以使用一些常用词，如极简风格、矢量风格、线条风格等。

Graphic LOGO, a middle-age man wearing a duckbill hat, black and blue lines, UI, ux, APP, flat design, minimalism, flat style, line art, pinterest, dribbble --niji 5

图形标志，一个戴鸭嘴帽的中年男人，黑色和蓝色线条，用户界面，用户体验，应用程序，平面设计，极简主义，平面风格，线条艺术，Pinterest，Dribbble

对于设计图形化的标志，Midjourney 能够给我们提供一定的帮助。描述图片时，尽量用简单的语言表达，让每个词都发挥作用。还可以使用 Dribbble 等设计社区作为提示词，会有一些意想不到的效果。

字体设计助手——字母艺术的探索

Midjourney 可以辨识字母。使用它来探索新风格是很有趣的事情。只要你有想象力，就可以得到丰富多样的结果。

huge letter R by john harris

巨大的字母R，约翰·哈里斯风格

Brutalist building in the shape of the letter M

字母M形状的野兽派建筑

letter E with Chinese food

使用中国食物组成的字母E

huge letter N by Normal mapping

通过法线映射的巨大字母N

the letter E made out of architectural components and building materials, typographical design, cartooncore, graffiti style, thick, clean, outlines, white background

字母E由建筑构件和建筑材料制成，排版设计，卡通核心，涂鸦风格，厚的，干净，轮廓，白色背景

Inflatable plastic letter B, excellent lighting effect, masterpiece

充气塑料字母B，出色的照明效果，杰作

huge letter o in room mysterious backdrops, layered sky, red and black backlighting in the style of traditional Chinese landscape and Indoor pool, neo-traditional, orient-inspired James Turrell, plants are in the style of Hiroshi Nagai, Fan Kuan eerily realistic, treacherous, I can't believe how beautiful this is, symmetrical composition, grandeur of scale, strong use of negative space, front view, single point perspective realistic hyper detail, 8k, hd --v 5.1 --s 250

背景神秘的房间里的巨大的字母o，层层叠叠的天空，中国传统景观风格的红黑背光和室内游泳池，新传统的，东方风格的詹姆斯·特里尔，植物是永井博的风格，范宽怪诞的现实，阴森危险，我不敢相信这是多么美丽，对称的构图，宏伟的规模，大量利用负向空间，前视图，单点透视逼真超细节，8K，高清

这段很长的提示词原本是进行空间设计探索时使用的，将其改成字母为主体时，很多内容就不起作用了。这张效果很好的图片是几次尝试后偶然得到的结果。很长的提示词不一定就是好的，简洁的提示词往往能更好地使每一个词的作用发挥出来。

建筑设计助手——3 分钟创建室内外效果图

3D rendering 8K Ultra-HD resolution photography Ultra realistic a room with orange walls and orange furniture, in the style of psychedelic surrealism, sculpted, alberto biasi, dark pink and light azure, intricate textures, olivier bonhomme, romanticized views --ar 3:2 --q 2 --s 750

3D渲染、8K、超高清分辨率摄影超逼真的房间，有橙色的墙壁和橙色的家具，具有迷幻超现实主义的精神风格，雕刻，阿尔贝托·比亚西，深粉色和浅蓝色，复杂的纹理，奥利维耶·博诺姆，浪漫的景色

The johanna is a new restaurant that focuses on views of the city, in the style of tadao ando, dark maroon and orange, brutalist, muted hues, overlooking from the roof, western zhou dynasty, vray tracing --ar 4:3 --v 5 --q 2 --s 750

Johanna是一家新开的餐厅，专注于城市景观，安藤忠雄的风格，深栗色和橙色，野兽派，柔和的色调，从屋顶俯瞰，西周，VRay追踪

perfect beach scene, creative Reclining Chair . inflatable, Reclining Chair, fluorescent Colorful inside, transparent, futuristic, modern, with people on the beach, Full sunshine, 70mm, super detailed, realistic, photography, UHD --ar 3:2 --s 750 --q 2

完美的海滩场景，富有创意的躺椅。充气，躺椅，荧光彩色内部，透明，未来主义，现代，有人在海滩上，阳光充足，70毫米，超详细，逼真，摄影，超高清

　　虽然很多作品未必能够实际应用，但在几分钟之内可以获得这么多有趣的灵感已经足够让人兴奋了。

long shot, concept pop-up store design for clothing industry, designed by Frank Lloyd Wright, transparent air bag, simple display, yellow / blue, city square, organic, ecological architectural style, futuristic, space, 4K, ultra-detailed, photorealistic

长镜头，服装行业的概念弹出式商店设计，由弗兰克·劳埃德·赖特设计，透明气囊，简单展示，黄色/蓝色，城市广场，有机，生态建筑风格，未来主义，空间，4K，超详细，照片真实感

a gorgeous futuristic cantilever Circular Arc shaped Villa on mountains in the Greatwall of China, the Great Wall, oblivion inspired, red steel fluid geometry, transparent clear luxury glass, flowing curtains, modern zaha hadid furniture, art pieces, artworks, infinity pool, satin, cozy, clouds surrounding, 32k, uhd, high resolution, iwan baan photography

一个华丽的未来主义悬臂圆弧形别墅在中国长城的山上，长城，遗忘的灵感，红钢流体几何，透明清晰的豪华玻璃，流动的窗帘，现代扎哈·哈迪德家具，艺术作品，艺术品，无边泳池，缎面，舒适，云环绕，32K，超高清，高分辨率，伊万·巴恩摄影

inflated robotic modern LOUIS VUITTON house covered entirely with a long pale CHARTREUSE fluffy stratum between two rocks 8k --s 100 --v 5 -q 2

膨胀的现代机器人路易威登的房子，完全被两块岩石之间的一层长长的苍白的黄绿色蓬松的地层覆盖，8K

parametric architecture on a mountain side in Norway. Drone shot

挪威山边的参数化建筑，无人机镜头

产品设计助手——通过草图创建产品效果图

设计师通常都会有很多手绘草图，如果把它们提供给 Midjourney，结合文本提示，会得到很多意想不到的效果。

This is a lamp with a strong sense of technology and futuristic style in its appearance. The material is transparent and environmentally friendly, and it uses emotional lighting with colorful colors --q 2

这是一款外观极具科技感和未来风格的灯具。这种材料透明、环保，并使用了色彩丰富的情调照明

图片提示 1

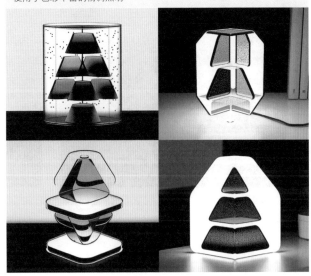

将任意一张黑白图片上传，在提示词中说明这是一款灯具。Midjourney 给了我们很多启发。

Jellyfish made by origami,Black and white, , white background

折纸水母，黑白，白底

图片提示 2

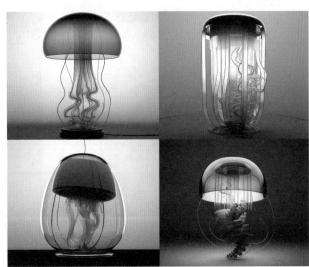

我们将 Midjourney 生成的水母图作为图片提示，结合使用过的未来风格灯具的提示词，获得了水母造型的灯具图。

sofa, Moroso style, enveloping, product design, award winning, ux, ui, human centered design, inspiring—v 5

沙发，莫罗索风格，包围，产品设计，获奖，用户体验，用户界面，以人为本的设计，鼓舞人心

使用图片提示 2，并将提示词改成"这是一款沙发"，Midjourney 能够给出相应的解读。

This is a mobile phone that will float in the air in the future, displayed in the exhibition hall, with many people watching, ceiling lights, and a museum atmosphere

这是一款手机，未来会在空中飘浮，在展厅中展示，很多人围观，顶灯，博物馆气氛

使用图片提示 2，并将提示词的主题改成未来的博物馆展览，得到了水母被很多人围观的效果。

a very realistic photographic image of an iPad screen showing a grid of magical 3D objects

一张非常逼真的iPad屏幕照片，显示了神奇的3D物体网格

生成这两张作品时都没有使用图片提示，而是使用简单的文本提示打开了创意思路。图片展示了两个有意思的产品。

漫画家助手——获得灵感与素材

漫画家可以在创作之前使用 Midjourney 生成一些素材，最简单的方式就是输入 a page from a comic book with（一本漫画书中的一页），并加上具体的场面描述。

A page from a comic book with a battle penguin fighting with bad guys, featured on pixiv, underground comix, cyberpunk, concept art

一本漫画书中的一页，一只企鹅与坏人搏斗，pixiv特色、地下漫画、赛博朋克、概念艺术

pixiv 是一个以插图、漫画等为主的社交网络服务里的虚拟社区网站，总部在日本。这里就用到了关于 pixiv 的提示词，这种将设计网站名用在提示词中的方法很重要。

a page from a comic book with A girl was holding an umbrella outside the coffee shop in the city. --niji 5

一本漫画书中的一页，一个女孩在城市的咖啡店外撑着伞

增加提示词 on water，画面中就出现了角色在波涛汹涌的水中打斗的场景，非常有趣。

用 Niji 5 可以获得更多日系风格图片，但这些图片不一定全部符合预期效果。比如左上角这张最符合我们的想法，但是雨伞和人物是脱离的。对于漫画家来说，用这种方式获得素材是可行的。

漫画家助手——帮你一起画分镜

通常漫画家需要外出取材，为自己的下一幕脚本镜头做准备。现在完全可以让 Midjourney 来提高效率。为了更好地控制画面，分开创建场景和主角，再将两者混合。

comic book drawing of an empty circular room far into the future, ultra-futuristic unconventional data center, minimalistic decoration, the system has been breached, emergency state is activated, red alarms blaring --v5.1

漫画描绘了一个遥远的未来的空圆形房间，超未来的非传统数据中心，极简主义的装饰，系统被破坏，紧急状态启动，红色警报响起

图1

图2

①生成的图片都可以作为绘画素材。选出两张比较符合要求的图，作为之后作图的素材。

Elaborate photorealistic scene of art of the ancient mechanical man, in the style of life-like avian illustrations, epic portraiture, magali villeneuve, technological design, dark silver and gold, david, grandparentcore --ar 2:3 --niji 5 --s 250

精心创作的古代机械人艺术的真实感场景，栩栩如生的鸟类插图、史诗肖像画、马加利·维尔纳夫、技术设计、深色银色和金色、大卫、祖父母核心

图3

图4

②选出两张作为之后作图的素材。选择时重点考虑其与场景图混合的效果。

③使用 /blend 指令，将图 1 和图 3 混合。主角进入场景了，选出一张最符合要求的图放大。

④这张图总体不错，但是红色不鲜艳，而且缺少很多乌鸦乱飞的效果。打开 Remix 模式，这张被放大的图片下面会有 Make Variations 按钮，单击它，加入文本提示 A large number of crows exploded towards the camera（大量的乌鸦，爆炸式飞向镜头）。

图 5

⑤乌鸦成功进入了画面中。不足之处是主角的形象混乱，而且环境颜色变得更淡了，画面中不可控的内容增加，此外，乌鸦的造型非常乱。继续调整，选出一张更好的图放大。

⑥把图下载后将其命名为图 5。使用 /blend 指令将图 5 与图 1 混合。

⑦这次混合后，画面已经出现了更多气氛元素，而且
主角的形象明确，更接近我们想要的结果（这与人物
单独出现时的需求不同，这是大场景构图，人物着装
和面部不需要太详细）。选出一张，再次放大。

⑧得到这张图后再次使用 Remix 模式并添加提示词：
A large number of crows exploded towards the camera。

图6

⑨得到的效果越来越符合我们的要求。选出一张图放大。

⑩通常对于漫画家来说，此时生成的资料足够多了。
为了感受 Midjourney 的画面控制能力，我们再调整
一下细节，看看画面能精确到什么程度。下载这张图。

⑪使用 /blend 融合图 1、图 3、图 6。结果非常惊人。
选出一张图，放大。

⑫结果非常令人满意。场景的细节处理得比之前更好，
气氛也很好。这张图中乌鸦的动态最令人满意，人物
细节丰富，而且光影处理得特别好。

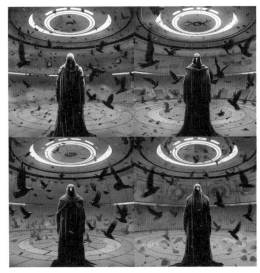

其实整个生成的过程中有过很多不错的图片，这两轮生成的乌鸦爆炸式飞翔的图片都是很好的绘画素材，更多过
程稿就不进行展示了。

摄影师助手——尝试创作虚拟与现实摄影作品

假如你是职业摄影师，想精准地表现人物情绪、构图、细节，Midjourney 的随机性可能会让你难以达到目的。但是你可以通过在提示词中设置相机型号、视角、光线、艺术家风格等进行调整。Midjourney 可以帮助我们生成大量的基础素材。

对于设计师而言，素材类型非常多，如矢量素材、抽象素材、材料素材等。照片类型的素材的需求量是非常大的，Midjourney 一定能够帮助到你，只是它生成的图片有一定的限制。

摄影师可以利用 Midjourney 构建虚拟场景，然后再把实拍的人物放入其中，此外，还有各种方法等待创作者尝试。

In 1984, on the street of a small Chinese city, in summer, the founder of Apple, Steve Jobs wore slippers, floral shirts, hippie style, playing Chinese chess with giant pandas, modern photography, documentary style

1984年，在中国一个小城市的街道上，夏天，苹果公司的创始人史蒂夫·乔布斯穿了拖鞋、碎花衬衫，嬉皮士风格，与大熊猫下棋，现代摄影，纪录片风格

editorial photoshoot of a woman mixed with minimalist abstract art, full colors, close-up, high fashion, 1920s fashion --ar 2:3

一个女人的编辑摄影照片与极简抽象艺术混合，全彩，特写，高级时尚，20世纪20年代时尚

Commercial photography, The Explosion Effect of strawberry on a Black Background, white lighting, studio lighting, 8k octane rendering, high resolution photography, crazy detail, fine detail, isolated plain in black, stock photography

商业摄影，黑色背景下草莓的爆炸效应，白色照明，工作室照明，8K Octane渲染，高分辨率摄影，疯狂的细节，精细的细节，黑暗中的孤立平原，库存图片

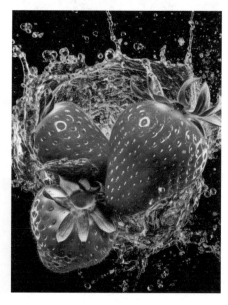

Surreal Cinematic Motion Blur Shot, in the style of Mad Max, 32k UHD, Fisheye Lens, Explosive

超现实电影动作模糊镜头，《疯狂的麦克斯》风格，32K超高清，鱼眼镜头，爆炸

Gentleman rabbit dressed in tuxedo walking in Castle, beautiful scene, soft colors, surreal photo by Tim Walker

穿着燕尾服的绅士兔子在城堡里行走，美丽的场景，柔和的颜色，蒂姆·沃克的超现实照片

sports photography, A football player is chasing a football and running, shot on nikon D6, low view, bright light, telephoto, wide angle

体育摄影，一名足球运动员正在追着足球奔跑，尼康D6拍摄，低视角，明亮的光线，长焦，广角

你可以使用"摄影风格，主体及环境、细节描述，相机，角度，灯光，镜头类型"形式的提示词生成图片，如使用提示词 sports photography, A football player is chasing a football and running, shot on nikon D6, low view, bright light, telephoto, wide angle, Midjourney 就会生成运动摄影风格的图片，内容是关于一位足球运动员正在追逐足球奔跑，画面明亮。

你可以根据自己的需求探索街拍、动物摄影、微距摄影、特写摄影、广角摄影和电影摄影等，非常有意思。

摄影师助手——创作广告摄影作品

接下来我们要完成一个广告摄影作品，这个作品包含几个不同的画面，当我们需要让 Midjourney 执行某些具体要求时，效果可能没有想象的那么好。我们可以试着修改提示词，或以各种手段让画面更加接近我们需要的结果。通过前面的学习，我们已经了解了如何探索风格，这次我们主要探索主体。

The man in a suit, with a watch in his hand, walked towards the sports car

穿西装的男人手里拿着一块手表，朝跑车走去

没有摄影相关的提示词时，图片是绘画形式的。

Surreal photography, A white man in a suit, an elite figure, stood in front of a luxury sports car

超现实摄影，一个穿着西装的白人，一个精英人物，站在一辆豪华跑车前

使用提示词"超现实摄影"，图片中出现很多未来主义风格的设计。

At night, at the entrance of the hotel, Fashion Advertising Photography, A white man(White hair, slender figure) in a suit, an elite figure, stood in front of a luxury sports car

晚上，在酒店门口，时尚广告摄影，一个穿着西装的白人（白发，身材修长），精英人士，站在一辆豪华跑车前

图片风格改了。此时人物形象还是有点乱，还需要尽量限定人物的细节。

At night, at the entrance of the hotel, Fashion Advertising Photography, A white man(White hair, slender figure) in a suit, Wearing sunglasses, an elite figure, stood in front of a luxury sports car, --ar 2:3 --style raw

晚上，在酒店门口，时尚广告摄影，一个穿着西装的白人（白发，身材修长），戴着墨镜，精英人士，站在一辆豪华跑车前

人物形象基本一致了，但对镜头的控制不够好。

在前一步提示词不变的基础上增加：The man's back is facing the camera as he is organizing his clothes and preparing to enter the restaurant, dof, cinestill 50 film, master photography, cinematic lighting, best quality, realistic, hdr 16k

这名男子背对着镜头，整理衣服，准备进入餐厅，景深，CineStill 50胶片，大师级摄影，电影照明，最佳质量，逼真的，高动态范围成像16K

生成的图已经很接近我们的想法，找到最理想的图，放大并下载，作为图片提示使用。

使用图片提示1和前一步的文本提示生成图片，这些图都非常接近我们的预期，而且画面的内容元素都较一致。选出一张满意的图放大。

A man is driving in a luxurious car, over the shoulder shot, focusing on the hand and watch on the steering wheel

一名男子开着一辆豪华轿车，过肩视角，专注于方向盘上的手和手表

A man(White hair and white suit) is driving in a luxurious car, over the shoulder shot, focusing on the hand and watch on the steering wheel

一名男子（白色头发，白色西装）开着一辆豪华的汽车，过肩视角，专注于方向盘上的手和手表

把图片提示2上传，文本提示不变，立刻得到了我们想要的效果。找到两张比较满意的图作为图片提示3和图片提示4。

用提示词生成新的图片，效果的大致方向是对的，找到一张不错的图片先保留下来作为图片提示2。

修改人物形象的细节后，发现视角提示词不管用了。

图片提示 3　　图片提示 4

使用图片提示 3 和图片提示 4，以及前一步的文本提示，效率很高地得到了更理想的图片。从构图上看，人物在画面中所占的面积、拍摄视角都刚刚好。即使没有使用复杂的后缀，画面质量也很不错。

back shot over-the-shoulder shot pov, A white man(White hair, slender figure) in a white suit, Wearing sunglasses, an elite figure, is looking at his watch, In front of the mirror at home, dof, cinestill 50 film, master photography, cinematic lighting, best quality, realistic, hdr, 16k --ar 2:3 --style raw

背面拍摄过肩视角，一个白人（白发，身材修长）穿着白色西装，戴着墨镜，一个精英人物，正在看他的手表，在家里的镜子前，景深，CineStill 50胶片，大师级摄影，电影照明，最佳质量，逼真的，高动态范围成像，16K

图片提示 5

用新的提示词生成图片，在其中选择一张合适的图片作为图片提示 5。当你越来越熟练的时候，就可以快速选出图片，将其作为图片提示。

用上一步的文本提示和图片提示 5 生成在家中整理衣服的照片，图片效果非常好。如果想体现其他角度，可以通过改动提示词来生成。笔者使用的是过肩景，因而人物的背部是视觉重心。

A man and a woman in a very high-end and luxurious restaurant, ordering, night, emotional light

一男一女在一家非常高档豪华的餐厅里，点餐，夜晚，情调照明

图片提示 6

生成一张图，将其作为图片提示 6。多人出镜图比之前的单人出镜图的难度要稍微大一些。

A man and a woman in a very high-end and luxurious restaurant, ordering, night, emotional light, dof, cinestill 50 film, master photography, cinematic lighting, best quality, realistic, hdr 16k —ar 2:3 —style raw

一男一女在一家非常高端豪华的餐厅，点餐，晚上，情调照明，景深，CineStill 50胶片，大师级摄影，电影照明，最佳质量，逼真的，高动态范围成像，16K

图片提示 8

使用图片提示 5、图片提示 6、图片提示 7 和关于一男一女在餐厅的提示词生成新的图片，选出一张作为图片提示 8。

Black hair, curly hair, white, women, high-end custom dress

黑色头发，卷发，白色，女士，高端定制连衣裙

图片提示 7

生成一张女性人像，作为图片提示 7。

把前一个提示词中的 a man 改成：
A white man(White hair, slender figure) in a suit, Wearing sunglasses

一个穿着西装的白人（白发，身材修长），戴着墨镜

图片提示 9

给出男性的细节后，Midjourney 为了描述清楚男性人物，把视角转换了，图中的焦点变成了这个男子。选出一张合适的图片作为图片提示 9。

用上一步的文本提示和图片提示 9 生成图片，图片的光影效果很好，画面也比较有质感。

A white man(White hair, slender figure), 35 years old, in a suit, black tie, Wearing sunglasses, white suit, glossy, product photography, Stark shadows, high key lighting, cinematic lighting, best quality, realistic, hdr 16k --ar 2:3 --style raw

一名白人男子（白发，身材修长），35岁，穿着西装，黑色领带，戴墨镜，白色西装，有光泽的，产品摄影，阴影效果，亮色调照明，电影照明，最佳质量，逼真的，高动态范围成像16K

A luxurious watch PRODUCT PHOTOGRAPHY, Front view, top light, black background, watch details, --ar 3:5

豪华手表产品摄影，前视图，顶光，黑色背景，手表细节

从之前生成的图片中选出两张，并生成一张单人图和手表图，单人图、手表图都没有使用图片提示。将这 4 张图作为一组作品放在一起，虽然不是很完美，但广告大片感还是有的。如果想要画面质量更高，可以使用刚才的方法，花更多时间去出图。

绘本画家助手——创作绘本《罗杰小猫》

笔者尝试用 Midjourney 绘制了一个绘本故事，虽然画面不是很完美，但是完成度比较高，对不懂绘画的朋友而言，这可以说是一个提高效率、开阔思路的好方法。如果能学会制作绘本，在制作 PPT 或其他的内容时就会更加得心应手。

第一天用两个小时大概获得了 150 张备用图，第二天用了两个多小时将其制作成绘本。由于要在书中使用，排版采用了图文混合型漫画版式。使用了十几段提示词，对于风格相同的图，使用时只改动主体部分。

如何保持画面的一致性？如果想自己创造一个角色来进行这样的创作，Midjourney 暂时是无法保证一致性的，但你可以巧妙地使用它认识的事物，比如黑猫。选择的形象越普通，Midjourney 能提供的姿势丰富、表情不同的图越多。

如何丰富故事性？如果非要按照剧本来制作，恐怕 Midjourney 暂时会让你失望，但如果你能够根据现有素材改动故事的细节，依旧可以获得不错的故事。这将考验你的灵活性和创意性，过程通常非常有趣。

其中一张图使用 Photoshop 删除了不需要的物体，其他的图并没有进行修改。建议不要过于追求 Midjourney 出图的完美程度，而是要以自己的创意弥补它的不足。这组作品没有使用图片提示，重点在于文本提示。

提示词 4

提示词 3

不知过了多久
罗杰感受到恐惧
但是抓着和妈妈的回忆
就这样一直走着

好累啊，
我走了多久了？
为何天色越来
越黑啊？

啊，森林边
缘传说中的
飞翔鲸！

提示词 5

送给你，我的
小鱼干，这是
妈妈经常做给
我吃的。

孩子，你往森
林深处去，
我只能陪你到
这里。

这里真的
很神奇，这是
真的世界吗？

提示词 6

提示词 11

现实生活的部分主要使用的提示词

an image of（主体）, in the style of michael hutter, liu ye, colorful ink wash paintings, elihu vedder, psychological, chalk, landscape-focused --niji 5

（主体）画面，迈克尔·赫特、刘野的风格，彩色水墨画，伊莱休·维德，心理，粉笔，风景为主

更改主体情况如下。

提示词1 主体：a cat surrounded by plants。获得封面图片，内容为被植物环绕的一只猫。

提示词2 主体：cats with plants in the background。获得与小猫和植物有关的随机图片。

提示词3 主体：A cat looks back, with plants in the background。获得小猫转头或背影的图片，背景中有许多植物。由于随机性，Midjourney 也生成了一些侧面的图片供选择。

提示词4 主体：cats surround a cat。获得没有植物，但是一堆猫挤在一起睡觉的图片。

提示词11 主体：cats surround a cat and surrounded by plants。获得一只小猫居中，其他小猫围绕在四周的图片。

提示词12 主体：sky。获得天空结尾图，图片效果可能不是很好，可以多次尝试。

魔法森林的部分主要使用的提示词

Alice in Wonderland style hybrid（主体）through a dark fairytale forest of psilocybin mushrooms. The colors are purple, pink, yellow and green. --niji 5

爱丽丝梦游仙境风格的混合（主体）穿过裸盖菇的黑暗童话森林。颜色有紫色、粉红色、黄色和绿色

更改主体情况如下。

提示词5 主体：whale walking。获得鲸单独出现的图片，想获得顶视图可以加入 top view，但效果不明显。

提示词6 主体：cat and whale walking。获得小猫单独出现的图片（笔者测试时没有获得鲸与小猫同时存在的图片）。

提示词7 主体：bird walking。获得五色火鸟的图片，只有被选用的这张图中的形象很像凤凰，生成的其他图中多是普通的鸟。

提示词8 主体：tiger walking。获得老虎的图片。

提示词9 主体：fox and cat walking 或 fox walking。获得双胞胎狐狸兄弟的形象，如果使用 cat and fox，通常只出现一种动物，所以要反复尝试各种主体，测试能不能获得更多视角的图。

提示词10 主体：fox and cat walking。获得两只黑猫的图片，这是随机的结果。

绘制过程中获得了额外的两张精美图片。

希望大家也能创作出有趣的小故事，或者陪伴小朋友一起来进行这样的创作。